データ
サイエンス
実践

モデルカリキュラム準拠

数理人材育成協会　編

培風館

ま え が き

　生成 AI の出現は大きな社会現象である．2022 年 11 月 30 日に Open AI 社から公開された ChatGPT (general purpose technology) は，2 か月で 1 億ユーザーに達した．その性能の高さは既存ツールの使い方を変え，新たな専門業務の代行システムの開発を促している．これまでの検索では，最初に言葉を知らなければならなかった．生成 AI によってその制約は緩められ，逆に問いかけから様々な言葉が湧き出てくるようになった．データから情報，情報から知識，知識から推論という AI の役割は，認識から生成へと拡大したのである．

　これからは人が機械と共生する時代である．AI との豊かなコミュニケーションを構築するために，プログラミングの基礎を知り，ツールとして活用できるようになることは，今やリベラルアーツや外国語の習得にも比せられる，現代人の基礎的な教養である．

　高等教育における数理・データサイエンス・AI 教育の改革は緒に就いたばかりである．数理人材育成協会 (HRAM) は，デジタル化という社会の変革に対応し，「データサイエンスリテラシー」(2021 年 11 月刊)，「データサイエンス応用基礎」(2022 年 10 月刊) の 2 編を世に送り出して，時代に即した新たな教材を提供してきた．本書はこの 2 編を補完し，実践力をつけるための演習書である．プログラミングのマニュアルではなく，実践をとおしてデータサイエンスの実力を獲得するための書であり，読者は本書によって，標準の表計算ソフトである Excel とプログラミング言語 Python を用いた，多変量解析と分類・識別の初歩的手法を会得することになる．

i

　ChatGPT に代表される生成 AI が拓く未来の可能性は限りなく大きい.一人
ひとりが機械と対話し,AI の作り出すプログラムを理解し,それを駆使して主
体的に生き抜く新しい時代が到来している.本書を加えた「データサイエンス
リテラシー」「データサイエンス応用基礎」の 3 編を学ぶことにより,データサ
イエンスはより身近なものになるであろう.

　末筆ながら,本書の出版にあたり多大のご尽力をいただいた培風館の岩田誠
司氏に厚く謝意を表する.

　　　令和 5 年 9 月 吉日

　　　　　　　　　　　　　　　　　　　鈴 木　貴　（編者）

目　　次

1

Excelを用いたデータ分析

　様々な社会活動が計測・数値化され，私たちの生活は膨大なデータ (ビッグデータ) に満たされている．データサイエンスや人工知能 (AI, Artificial Intelligence) は，統計数学や機械学習を用いてビッグデータから有益な情報・知識を抽出し，新たな価値やサービスを創出している．また，身近なスマートフォンアプリからビジネスの現場に至るまで，データサイエンス・AI の技術は広く浸透し，私たちの生活やビジネスモデルは大きく変わろうとしている．

　データサイエンスや人工知能の動作原理と活用力を修得するために，理論やアルゴリズムを知ることはもちろん大切であるが，それだけでは現実のビッグデータを分析することはできない．実際のデータを解析するためには，コンピュータソフトウェアやプログラミングのスキルが必要不可欠である．本章では，Excel を用いた統計分析および回帰分析の手順を説明する．

1.1　Excel の基本操作

　Excel は Microsoft 社が提供する表計算ソフトウェア[1]で，数値データを表の形式として整理できる．データの合計や平均・分散などの統計計算，およびそれらのグラフを描画・可視化するために広く利用されている．

---

1)　本書では，Excel 2016 for Windows を用いている．

 Excel を起動し, **図 1.1** に示す画面で「空白のブック」を選択すると, 何も記載されていないシートを作成する. シート内には数字や文字を書き込むことができるマス目があり, これを「セル」とよぶ.

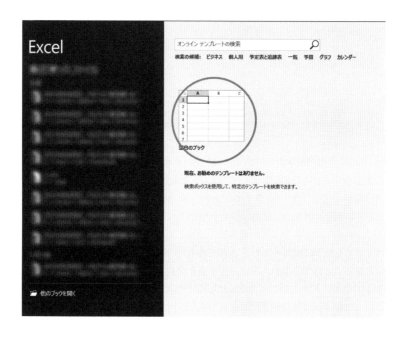

図 1.1 Excel の起動とシートの作成

　図 **1.2** のように，クリックで選択したセルにキーボードから文字列や数字を入力して，学生 10 人分の「国語」「数学」のテスト点数を表として整理する．

　ここでは，1 列目は「学籍番号」，2 列目は「国語」の点数，3 列目は「数学」の点数である．

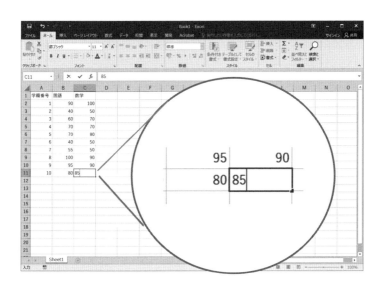

図 1.2　シートへの文字列・数字の入力

Excel の足し算の機能を用いて, 各学生の「国語」と「数学」の合計点を第 4
列に追加する.「学籍番号」1 番の学生の合計点を出力するために, セル D2 を
クリックで選択し, そのセル内に "=B2+C2" と入力する. セル B2 は 1 番の学生
の国語の点数 (90 点), セル C2 は数学の点数 (100 点) で, セル D2 にそれらの
合計点 (190 点) が表示される.

「学籍番号」2 番, 3 番, ··· の学生の合計点についても, セル D3 に "=B3+C3",
セル D4 に "=B4+C4" と入力すればよいが, 学生数が増えると非効率である. 同
じような計算処理が続く場合は, **図 1.3** のように足し算の式をコピーし, より簡
単に計算できる.

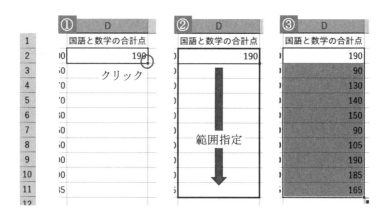

図 1.3 セルのコピー

① セル D2 の右下隅をクリックし, 選択する.
② 選択した状態でマウスをセル D11 まで移動し,「学籍番号」2 番から 11 番
   までの範囲を指定する.
③ 指定した範囲内の各セルには, 同じ行の第 2 列 (B 列) および第 3 列 (C
   列) のセル内の数値の足し算処理がコピーされる.

例えばセル D7 を選択すると, セル内には "=B7+C7" と計算式がコピーされて
いる.

1.2 合計・平均・分散の計算

Excel では様々な関数が利用できる.「合計」関数 ("SUM") を用いて, 学生 10 人分の国語の点数を合算する.

図 1.4 はセル B12 を選択し, そのセル内に合計点数を表示している.

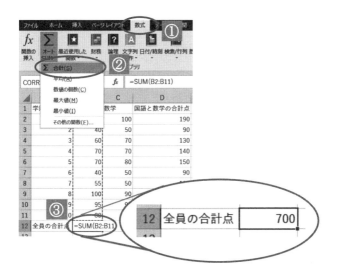

図 1.4 合 計 関 数

① ツールバーの「数式」を選択する.
②「オート SUM」アイコンを選択し,「Σ 合計」を選択する.
③ 数式 "=SUM(B2:B11)" が入力される.

数式 "=SUM(B2:B11)" で, セル B2〜B11 までの数値の和をとり, 10 人分の国語の点数を合算している.

　図 1.5 では，学生 10 人分の数学の点数の合計，および国語と数学の合計点の
総和を上述のセルのコピーを用いて計算している．

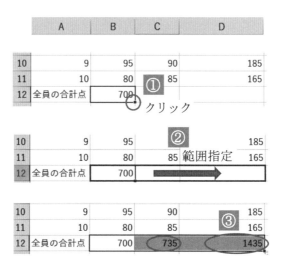

図 1.5　合計関数のコピー

① セル B12 の右下隅をクリックし，選択する．
② 選択した状態でマウスをセル D12 まで移動し，「数学」および「合計点」
　の範囲を指定する．
③ 指定した範囲内の各セルには，「合計」関数を用いた合算処理がコピーさ
　れる．

　図 1.6 のように，セル C12 を選択してセル内に "=SUM(C2:C11)" をコピーし，セル D12 を選択してセル内に "=SUM(D2:D11)" をコピーして点数データ表を完成させる．

	A	B	C	D
1	学籍番号	国語	数学	国語と数学の合計点
2	1	90	100	190
3	2	40	50	90
4	3	60	70	130
5	4	70	70	140
6	5	70	80	150
7	6	40	50	90
8	7	55	50	105
9	8	100	90	190
10	9	95	90	185
11	10	80	85	165
12	全員の合計点	700	735	1435

図 1.6 「国語」「数学」および「合計」の点数データ表

　次に，平均や標準偏差[2]を求めて，各自の成績の良し悪しを判断する．ここでは，平均を計算する関数を用いて，学生 10 人の国語の平均点を計算する．操作は，「合計」関数を用いた手順とほぼ同じである．

　図 1.7 ではセル B13 を選択し，そのセル内に国語の平均点を表示している．

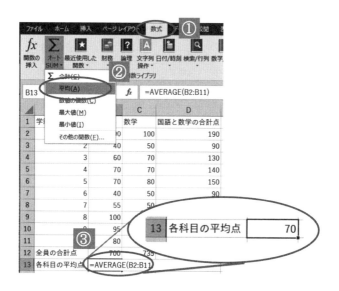

図 1.7 「国語」の平均点

① ツールバーの「数式」を選択する．
②「オート SUM」アイコンをクリックして，表示される関数のなかから「平均」を選択する．
③ 数式 "=AVERAGE(B2:B11)" が入力される．

数式 "=AVERAGE(B2:B11)" で，セル B2〜B11 までの数値の平均を求める．

---

　2)　標準偏差は STDEV.S 関数で求めることができる．その他，主な要約統計量は，最大値: MAX 関数，最小値: MIN 関数，中央値: MEDIAN 関数，四分位数: QUARTILE 関数，最頻値: MODE 関数を用いて求められる．

　図 1.8 では, セルのコピーを用いて数学の平均点, および国語と数学の合計点の平均点を出力している.

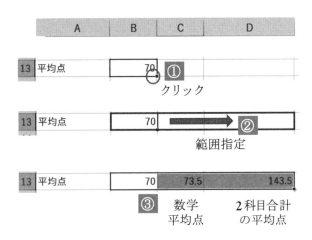

図 1.8 「数学」と「合計」の平均点

① セル B13 の右下隅をクリックし, 選択する.
② 選択した状態でマウスをセル D13 まで移動し,「数学」および「合計点」の範囲を指定する.
③ 指定された範囲内の各セルに,「平均」関数を用いた計算式がコピーされる.

偏差値[3)]は平均と分散で決まる.

図 **1.9** では, 関数 (“VARP”) を用いて国語, 数学, 合計点の分散を計算している. セル B14 を選択し, セル内に “=VARP(B2:B11)” と入力すると, そのセル内にセル B2 から B11 までの国語の分散を表示する. 同様にして, セル B14 をコピーして, 数学や合計点の分散も表示する.

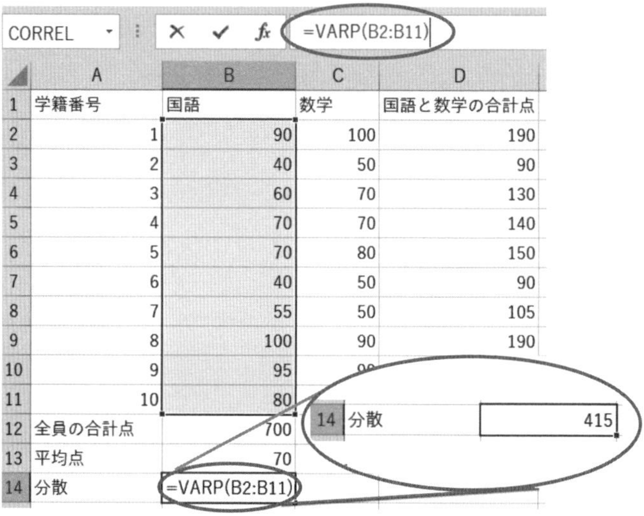

図 1.9 「国語」の点数の分散

(直接セル内に入力せずに,「オート SUM」アイコンをクリックして,「その他の関数」を選ぶと「数式パレット」が現れるので, そのなかから VARP 関数を選んでもよい.)

---

3) 平均 μ, 標準偏差 s のもとで, x 点の偏差値は $50 + \dfrac{x - \mu}{s} \times 10$ で与えられる.

1.3　データの可視化〜棒グラフ

　表に並んだ数値データだけでは，全体のデータの特徴やデータ間の関係など
を把握することは難しい．そこで，様々なグラフを作成するツールを用いてデー
タを可視化し，分析結果をわかりやすく伝えることを考える．

　図 1.10 のように，各学生の国語，数学，合計の点数および平均点，分散の表
データを作成する．

	A	B	C	D
1	学籍番号	国語	数学	国語と数学の合計点
2	1	90	100	190
3	2	40	50	90
4	3	60	70	130
5	4	70	70	140
6	5	70	80	150
7	6	40	50	90
8	7	55	50	105
9	8	100	90	190
10	9	95	90	185
11	10	80	85	165
12	全員の合計点	700	735	1435
13	平均点	70	73.5	143.5
14	分散	415	310.25	1395.25

図 1.10　テストの点数データおよび平均・分散の統計量

図 **1.11** では，この表データを用いて，各学生の「学籍番号」を横軸，「国語」の点数を縦軸とする**棒グラフ**を作成する．

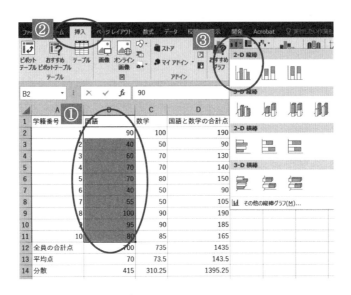

図 1.11 「国語」の点数の棒グラフの作成

① 「国語」の点数データの入力された領域 (セル B2〜B11) を選択する．
② ツールバーの「挿入」を選択し，棒グラフのアイコンを複数表示する．
③ 「縦棒/横棒グラフの挿入」アイコン をクリックし，棒グラフ一覧のなかから「集合縦棒」のアイコンを選択する．

図 1.12 のように, 棒グラフが表示され, 学生間の国語の成績が比較できる.

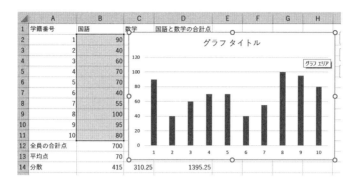

図 1.12 「国語」の点数の棒グラフ

このままでもよいが, 棒グラフを編集してわかりやすくする.

図 1.13 では, 棒グラフ上部の「グラフタイトル」を「国語点数」に変更する.

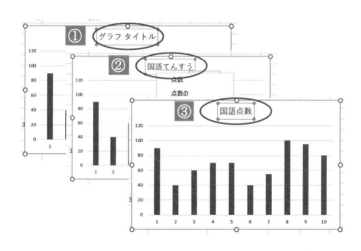

図 1.13 グラフタイトルの修正

① 「グラフタイトル」テキストを選択して書き換えられるようにする.

② キーボードから「国語点数」と入力する.

③ 「グラフタイトル」が「国語点数」に変更したことを確認する.

　次に，テストの点数範囲は 0〜100 点であるが，棒グラフの縦軸の範囲が 0〜120 点になっているので，**図 1.14** のように，縦軸の数値範囲を最小値 0，最大値 100 に修正する．

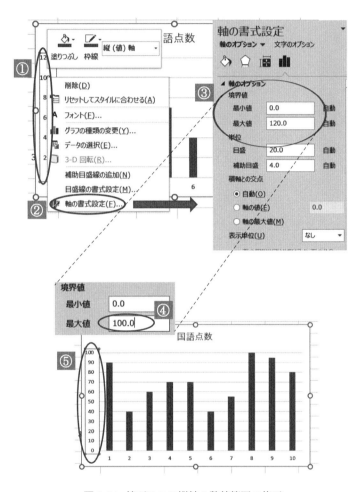

図 1.14　棒グラフの縦軸の数値範囲の修正

① 棒グラフの縦軸を選択し, 右クリックする.
② 表示項目から「軸の書式設定」を選択する.
③ 「軸の書式設定」ウィンドウ上部に表示される「軸のオプション」を選択し, 縦軸の「最小値」「最大値」などの設定値を表示する.
④ 「最大値」の欄の数字 120.0 を選択し, キーボードから 100.0 を入力し, リターンキーを押す.
⑤ 棒グラフの縦軸の範囲が 0〜100 点に変更したことを確認する.

図 **1.15** のように, グラフのビン (棒) の色を変更することもできる.

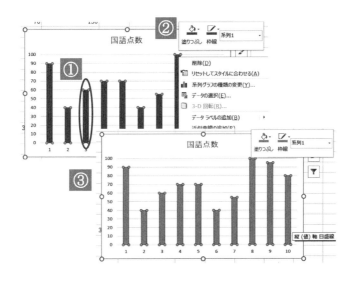

図 1.15 棒グラフのビンの色の変更

① 任意のビンをクリックして選択し, 右クリックする.
② 「塗りつぶし」や「枠線」などのウィンドウを表示する.
③ アイコンを選択し, 適切な色を選んで変更する.

　図 1.16 のように, 国語と数学の点数を表すビンを横に並べて表示し, 各学生が国語と数学のどちらが得意であるかを把握することもできる.

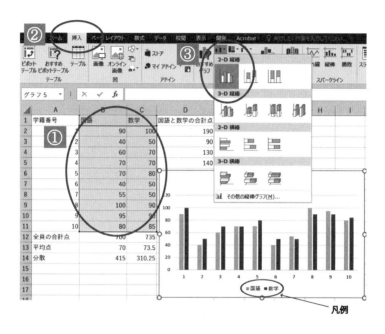

図 1.16 「国語」と「数学」の棒グラフの作成

① 「国語」「数学」が入力されたヘッダー (セル B1, C1 に該当) と点数が入力されている領域 (セル B1〜C11) を選択する. ヘッダーを選択すると棒グラフに凡例を表示することができる.

② ツールバーの「挿入」を選択し, 複数のアイコンを表示する.

③ 「縦棒/横棒グラフの挿入」アイコン ❤ をクリックし, 棒グラフ一覧のなかから「集合縦棒」のアイコンを選択する.

　この手順によって, グラフタイトル, 縦軸の数値範囲, ビンの色を変更すると, 図 **1.17** のような棒グラフが完成する.

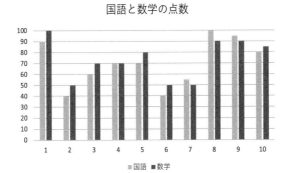

図 1.17 「国語」と「数学」の点数の棒グラフ

　一方, 学生ごとの国語と数学の点数のビンを横に並べるのではなく, 縦に積み重ねた棒グラフを作成すると, 学生間の国語と数学の合計点を比較したり, 学生ごとに合計点に占める国語と数学の点数の割合を一目で把握することができる. 作成した棒グラフを, **積み上げ棒グラフ**とよぶ.

　図 1.18 にその作成手順を示す.

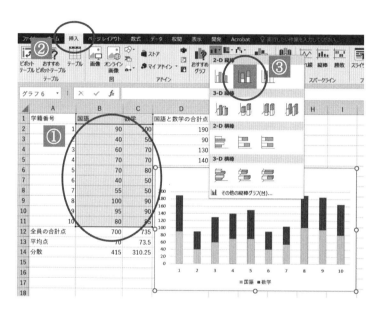

図 1.18　「国語」と「数学」の積み上げ棒グラフの作成

① 「国語」「数学」が入力されたヘッダーおよび点数が入力されている領域 (セル B1〜C11) を選択する.

② ツールバーの「挿入」を選択して, 棒グラフのアイコンを複数表示する.

③ 「縦棒/横棒グラフの挿入」アイコン をクリックし, 「積み上げ縦棒」のアイコンを選択する.

1.4　データの可視化～散布図

　前節の棒グラフで，各学生の点数の優劣を視覚的に把握することができた．次に，国語と数学の点数に関連性があるかどうか，あるとするとどのような傾向であるかを把握するために，**図 1.19** において，横軸に国語の点数，縦軸に数学の点数をとり，各学生の点数データを点としてプロットする**散布図**を作成する．

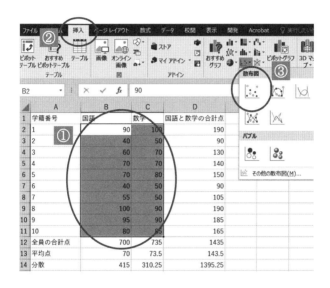

図 1.19　「国語」と「数学」の点数データの散布図の作成

① 国語と数学の点数が入力された領域 (セル B2〜C11) を選択する．

② ツールバーの「挿入」を選択して，各種グラフのアイコンを表示する．

③ 「散布図 (X/Y) またはバブルチャートの挿入」アイコン をクリックし，散布図一覧のなかから「散布図」のアイコンを選択する．

作成した散布図に対して, 前節で述べたグラフの書式設定の変更手順でグラフタイトル, 縦軸および横軸の数値範囲, マーカー書式の変更を適宜行う. 国語の点数が高い学生は数学の点数も高い傾向にあることが把握できる (図 1.21 参照).

図 **1.20** では, マーカー付近に学籍番号を追記し, 各マーカーがどの学生に対応するのかを示している.

① 「グラフ要素」のアイコン ✚ をクリックして「データラベル」にチェックを入れる.

② マーカー付近に出現する数値ラベル (数学の点数) を, 以下の手順で学籍番号に変更する.「データラベル」の右隣に表示されている三角形 ▶ をクリックする.

③ 現れる項目のなかから「その他のオプション」を選択する.

④ 「ラベルオプション」のなかの「セルの値」にチェックを入れる.

⑤ 「データラベル範囲」ウィンドウ中の「データラベル範囲の選択」をクリックする.

⑥ カーソルを表に移動させ, 学籍番号のセル A2〜A11 を選択し,「OK」ボタンを押す.

⑦ 「Y 値」のチェックを外す.

⑧ 学籍番号のラベルが重なって表示される場合は, 各ラベルをクリックし, カーソルを移動してラベルを移動する.

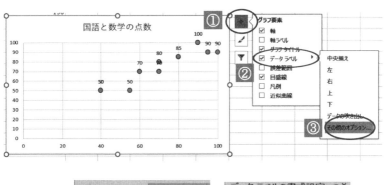

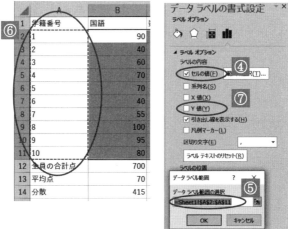

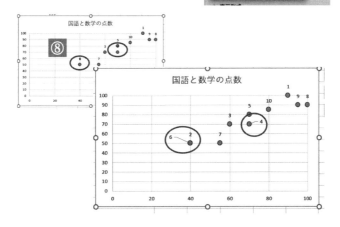

図 1.20 散布図のマーカーにラベル付与する

　図 **1.21** をみると，右上部にあるマーカーの学籍番号 1 番，8 番，9 番の学生が国語，数学ともに成績が良いことが把握できる．

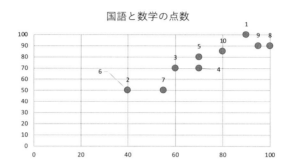

図 1.21　ラベル付きの「国語」と「数学」の点数の散布図

1.5 オープンデータと相関・回帰分析

　ビッグデータには，アンケートなどで収集される調査データや，センサーで取得される計測データなど，多種多様なものがある．政府系の調査データは規模が大きく，なかでも**国勢調査**は日本に住んでいるすべての人・世帯を対象とする唯一の全数調査で，市町村ごとの人口・世帯数・年齢別男女比・就業状況・産業構造・居住状況がわかる．他にも**家計調査**は一定の統計的抽出法に従って選出された世帯を対象とした家計の収入・支出・貯蓄・負債を，**労働力調査**は就業・不就業・就業時間を，**経済センサス**は事業種類・業態・従業員数・売上収入を調査する．

　図 1.22 は，統計データを公開する「政府統計の総合窓口 e-Stat」のホームページ[4]）で，国勢調査の集計結果は「人口・世帯」分野に，家計調査や経済センサスの結果は「企業・家計・経済」分野に，労働力調査の結果は「労働・賃金」分野に分類している．検索機能も活用でき，国・地方自治体での生活環境整備，福祉政策や民間の出店計画や商品開発など，様々な用途に活用されている．

図 1.22　政府統計の総合窓口 e-Stat

---

4)　https://www.e-stat.go.jp/

　また，独立行政法人統計センターは，家計調査のデータを教育用に使いやすい形に編集したデータセットを公開している．ここには各都道府県別の 227 項目 (世帯人数，各食料品目の 1 世帯当たりの年間支出金額の平均値) を収録している．**図 1.23** の独立行政法人統計センターのホームページ[5]にアクセスし，EXCEL ファイル (SSDSE-2020C) をクリックして「都道府県庁所在地別・家計消費データ」のファイルをダウンロードし，調査データを Excel で開くと表データとして閲覧することができる．

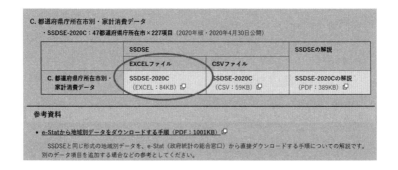

図 1.23 独立行政法人統計センター・家計調査データのページ

　図 1.24 は，第 2 列目が都道府県名，第 3 列目が各都道府県の県庁所在地名，第 5 列目以降は各食品の 1 年当たりの各世帯による支出金額の表データである．
　さらに**図 1.25** は，この表から「都道府県名」と「ワイン」と「チーズ」の支出金額データを抜き出した表データである．

---

　5) https://www.nstac.go.jp/use/literacy/ssdse/
現在は，ホームページから「過去に公開した SSDSE (→ 別ページへ)」をクリックして，2020 年版のデータをダウンロードできる．

	1	2	3	4	5	6	7	8	9	10	11	12	13
1	2017_2019	Prefecture	City	LA03	LB00	LB01	LB011001	LB012001	LB012002	LB013001	LB013002	LB013003	LB013:
2	地域コード	都道府県	市	世帯人員	食料(合計)	01 穀類	米	食パン	他のパン	生うどん・そば	乾うどん・そば	スパゲッティ	中華麺
3	R00000	全国	全国	2.98	954715	77480	23736	9461	21430	3322	2258	1161	
4	R01100	北海道	札幌市	2.96	910399	81474	30994	8496	18942	2973	1974	1307	
5	R02201	青森県	青森市	2.98	878930	71992	23773	7777	17336	2777	2021	1016	
6	R03201	岩手県	盛岡市	3.15	951176	80203	25867	8270	20622	3198	2420	1178	
7	R04100	宮城県	仙台市	3.00	958380	70942	20207	7972	18989	2967	2525	1217	
8	R05201	秋田県	秋田市	2.88	900697	68139	19508	6461	17978	3158	3969	984	
9	R06201	山形県	山形市	3.19	994946	79598	26733	7781	18735	4487	3476	1229	
10	R07201	福島県	福島市	3.00	961789	73184	24612	7077	18422	2776	2716	1017	
11	R08201	茨城県	水戸市	2.90	932200	67318	19367	8495	17673	3125	2314	1070	
12	R09201	栃木県	宇都宮市	2.85	982038	74050	22135	9053	19055	3491	2402	1196	
13	R10201	群馬県	前橋市	2.81	923714	77456	25322	7652	22129	4378	1880	1106	
14	R11100	埼玉県	さいたま市	3.04	1038797	80828	24816	9350	22858	3744	2089	1349	
15	R12100	千葉県	千葉市	3.00	1030073	78500	22629	10092	22679	3071	2203	1219	
16	R13100	東京都	東京都区部	2.93	1123765	81177	22412	11064	24885	2966	2440	1362	
17	R14100	神奈川県	横浜市	2.84	1066987	82257	24983	10722	23457	3158	2454	1306	
18	R15100	新潟県	新潟市	3.18	958724	81705	25331	9968	21465	2576	3421	1241	
19	R16201	富山県	富山市	3.17	1015186	79967	23323	10203	21672	3321	2410	1058	
20	R17201	石川県	金沢市	3.24	1054782	82042	23042	11282	23178	3580	2408	1187	
21	R18201	福井県	福井市	3.14	974542	82592	27635	9086	22641	4008	2289	1109	
22	R19201	山梨県	甲府市	2.87	946017	74069	22876	8673	20851	3809	1882	1015	
23	R20201	長野県	長野市	2.95	919211	71485	22139	8044	17631	4205	2712	1196	
24	R21201	岐阜県	岐阜市	3.14	957971	76555	24401	9549	20423	3066	2142	1125	
25	R22100	静岡県	静岡市	3.06	1008506	84418	30176	9016	21571	2765	2299	1241	

図 1.24 家計調査データ (EXCEL ファイル (SSDSE-2020C) の一部)

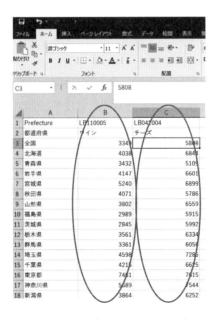

図 1.25 「ワイン」と「チーズ」の支出金額データ

　ワインとチーズの支出金額の関係性を可視化するため，**図 1.26** に従って散布図を作成する．

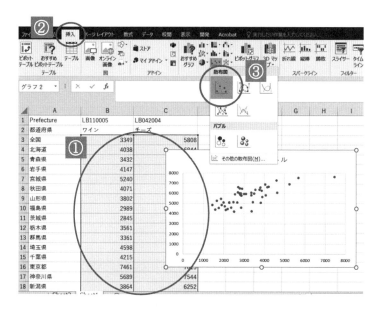

図 1.26 「ワイン」と「チーズ」の散布図の作成

① ワインとチーズの支出金額が入力された領域を選択する．

② ツールバーの「挿入」をクリックし，各種グラフのアイコンを表示する．

③「散布図 (X/Y) またはバブルチャートの挿入」アイコン ![icon] ✔ をクリックし，散布図一覧のなかから「散布図」のアイコンを選択する．

図 **1.27** では, 散布図のグラフタイトル, 縦軸および横軸の数値範囲, マーカー書式を変更し, マーカーへの都道府県名の付与などを行った.

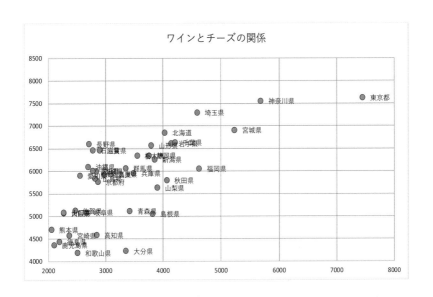

図 1.27 「ワイン」と「チーズ」の支出金額の散布図

この図より, ワインの支出金額が増加するとチーズの支出金額も増加する傾向がわかるので, 相関係数を求めて, その関係性を定量化する.

　一般に，**図 1.28** のように，一方の変量が増加するともう一方の変量も増加す
る場合は**相関係数**は正，逆に一方の変量が増加するともう一方の変量が減少す
る場合は相関係数は負の値をとる．それぞれを 2 つの変量の間に**正の相関**，**負
の相関**があるという．また，相関係数の絶対値の大きさは**相関の強さ**を表す．

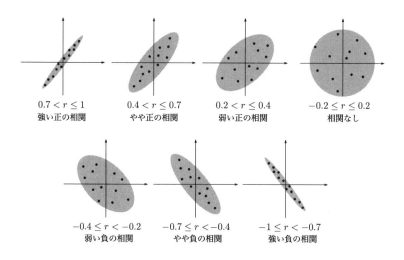

図 1.28　相関係数 r と散布図の関係[6)]

図 1.29 のように，Excel の関数を用いてワインとチーズの相関係数を求める．

① 相関係数を出力するセル (E3) を選び，ツールバーの「数式」を選択する．
② アイコンのなかから，「関数の挿入」のアイコンを選択する．
③ 出現するウィンドウで，「関数の分類」から「統計」を選択しする．
④ 「関数名」のリストから "CORREL" を選択する．
⑤ 「関数の引数」ウィンドウで配列 1 の欄に各都道府県のワインのデータを
　　設定する．"B4:B50" はセル B4〜B50 の範囲を示す．
⑥ 「関数の引数」ウィンドウで配列 2 の欄に各都道府県のチーズのデータを
　　設定する．"C4:C50" はセル C4〜C50 の範囲を示す．そして，「OK」ボ
　　タンを押す．

---

4)　「データサイエンスリテラシー」より図 II.6 を引用．

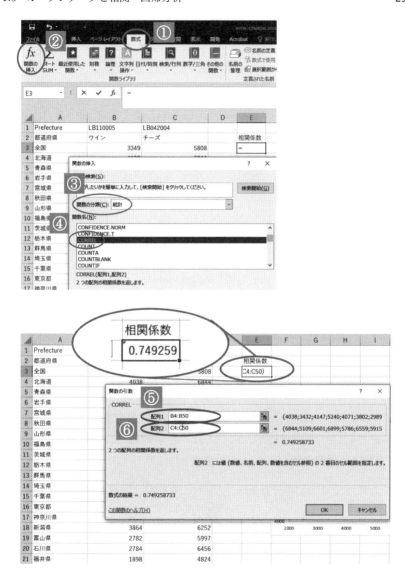

図 1.29 「ワイン」と「チーズ」の相関係数の計算手順

ワインとチーズの相関係数は 0.749 となり,ワインとチーズの支出金額に強い正の相関があることが確認できる.

　以上によって, ワインの支出金額が増加するとチーズの支出金額も増加する傾向があることが判明したので, ワインの支出金額を変数 x, チーズの支出金額を y とおき, ワインとチーズの支出金額のあいだに比例関係

$$y = ax + b \tag{1.5.1}$$

があると仮定する.

　図 **1.30** のように, データセット (x_i, y_i), $i = 1, 2, \cdots, 47$ に最も合致する直線を求めたい. ここで添え字の i は各都道府県を表す番号である.

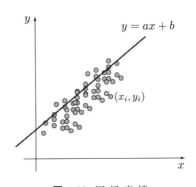

図 1.30　回 帰 直 線

　このように, 与えられたデータセットから直線の形を決めるパラメータ a, b を推定することを**回帰分析**とよび, 得られる直線の関係式を**回帰直線**という. また, 変数 x を**説明変数**, 変数 y を**目的変数**とよぶ.

　そこで, Excel で回帰分析を行うために, **図 1.31** でまず環境を設定する.

① ツールバーの「ファイル」を選択する.

② 画面の左下にある「オプション」をクリックして,「Excel のオプション」ウィンドウを表示する.

③ 表示ウィンドウの左側の項目リストから「アドイン」を選択する.

④ 下側の「管理」の欄にある「設定」ボタンで「アドイン」ウィンドウを表示する.

⑤ 有効なアドインとして,「分析ツール」項目にチェック入れ,「OK」ボタンを押す.

図 1.31 回帰分析を行うための事前準備

　すると, **図 1.32** のように, ツールバーの「データ」のなかに「データ分析」アイコンが表示されていれば回帰分析の準備が整ったことになる.

図 1.32　回帰分析の準備確認

　では, **図 1.33**, **図 1.34** でワインとチーズを回帰分析し, 分析結果を可視化する.

① ツールバーの「データ」から「データ分析」を選択する.
② 表示した「データ分析」ツールの「回帰分析」を選択して,「OK」ボタンを押す.
③「回帰分析」ウィンドウの「入力 Y 範囲」の空欄に "C4:C50" と入力 (または, データの入力されている範囲を選択) し, 目的変数にチーズのデータが入力されている範囲 (セル C4〜C50) を設定する.
④ 同様に,「入力 X 範囲」の空欄に "B4:B50" と入力 (または, データの入力されている範囲を選択) して, 説明変数にワインのデータが入力されている範囲 (セル B4〜B50) を設定し,「OK」ボタンを押す.

(続く....)

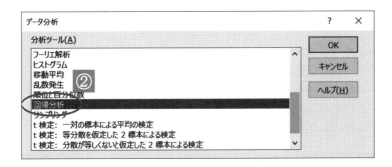

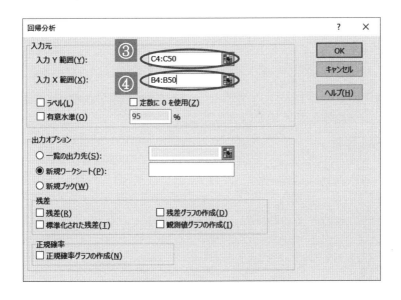

図 1.33 回帰分析の実施手順 ①〜④

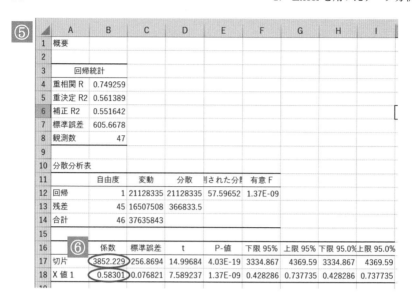

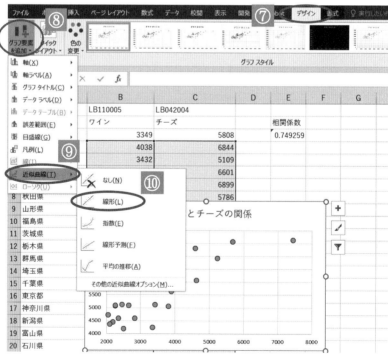

図 1.34　回帰分析の実施手順 (続き) ⑤〜⑩

⑤ すると, 回帰分析が実行され, 別シートに出力される.

⑥ 分析シートでは, セル「X 値 1, 係数」が回帰直線の傾き a の値, セル「切片, 係数」が回帰直線の切片 b の値になる.

⑦ 回帰直線を散布図に描くために, データの入力されているシートに戻り, ツールバーの「デザイン」を選択する.

⑧ 「グラフの要素を追加」を選択してプルダウンを表示する.

⑨ 「近似曲線」の右側にある三角ボタン ▶ を押す.

⑩ 様々な近似グラフのアイコンから「線形」を選択する.

図 **1.35** がワインとチーズの回帰直線のグラフである.

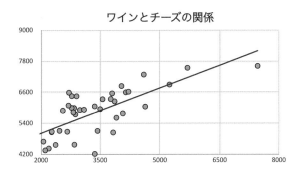

図 1.35 「ワイン」と「チーズ」の回帰分析の可視化

1.6 t 検定

観察対象とする 2 つの母集団の平均値 (母平均) や分散 (母分散) に差がある
かどうかを直接調査するのは, 現実的に不可能な場合が多い. そこで, 「推測統
計学」では母集団から標本を抽出し, 標本から得られた情報を使って 2 つの母
平均や母分散に差があるかどうかを推測する. **t 検定**は, 標本のデータを使って
2 つの母平均に差があるかどうかを判定する方法のひとつである.

標本の大きさ 10 ($n = 10$) の, A 群と B 群の体重データ (**図 1.36**) を用いて
t 検定を行う.

	A	B
1	A群	B群
2	73.5	88.7
3	76.2	90.1
4	84.6	79.6
5	85.1	81.3
6	72.9	93.2
7	78.2	74.4
8	83.4	95.5
9	85.7	81.8
10	82.3	93.1
11	84.6	90.2

図 1.36 A 群と B 群の体重データ

最初に, 「T.TEST」関数で t 検定の P 値を出力する.

① P 値を出力する任意のセル (**図 1.37** ではセル B12) を選択する.
② 「関数の挿入」を選択する.
③ 右側に表示された数式パレットの検索窓に "T.TEST" と入力し, 下に表
示された T.TEST を選択する.

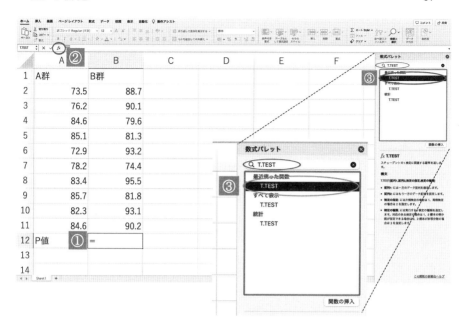

図 1.37　t 検定の関数の実行

　続いて, 検定で使用するデータを選択して,「片側検定」か「両側検定」であるかを定め,「2 標本に対応があるかないか」を入力する (**図 1.38**). 2 標本の平均が等しいかどうかを判定する場合は両側検定, 両者の大小関係を判定する場合は片側検定である. また, 同一個体について, 時系列の異なる 2 標本は「対応がある 2 標本」に該当する. 同一人物の投薬前後やトレーニング前後の検査値も対応がある 2 標本である. 逆に, 健常者と患者, プラセボ投与群と薬剤投与群など, 異なる母集団から抽出した 2 標本は対応がない.

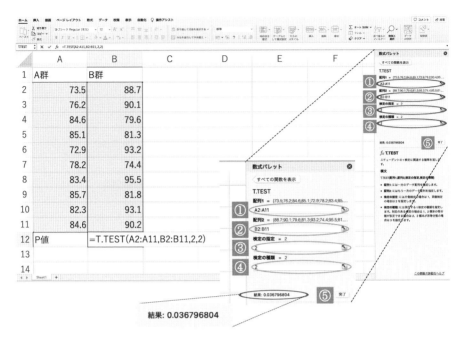

図 1.38　t 検定のためのデータ, 検定の指定, 検定の種類の入力

① 「配列 1」に 2 標本のうちの一方のデータ (A2:A11) を入力する.

② 「配列 2」にもう一方のデータ (B2:B11) を入力する.

③ 「検定の指定」は,

- 片側検定の場合は「1」,
- 両側検定の場合は「2」

を入力する.

④ 「検定の種類」は,

- 対応のある 2 標本の検定の場合は「1」,
- 対応のない 2 標本の検定で 2 つの母分散が等分散と仮定される場合 (スチューデントの t 検定) は「2」,
- 対応のない 2 標本の検定で 2 つの母分散が等分散でないと仮定される場合 (ウェルチの t 検定) は「3」

を入力する.

⑤「完了」をクリックすると, セル B12 に P 値が出力される.

なお, セル B12 に "=T.TEST(A2:A11,B2:B11,2,2)" と直接入力しても上記と同じ結果が得られる.

図 1.36 のデータでスチューデントの t 検定を実行すると, P 値はおおよそ 0.037 になる. したがって, 有意水準 α を 5％とすると $P < \alpha$ であり, 帰無仮説 ($H_0 : \mu_A = \mu_B$) は棄却されて, 2 標本の平均値に本質的な差があると検定される. ここで, μ_A は A 群の母集団の平均値, μ_B は B 群の母集団の平均値である.

1.7 F 検 定

前節で述べたように，対応のない 2 標本の平均の検定において，2 つの母分散が
等分散と仮定される場合はスチューデントの t 検定，2 つの母分散が等分散でな
いと仮定される場合はウェルチの t 検定を選択するが，2 つの母分散が等分散と
仮定されるか否かは，**F 検定**で確認することができる．Excel では，「F.TEST」
関数によって F 検定の P 値を出力する．

ここでは図 1.36 のデータを用いて F 検定を行う．

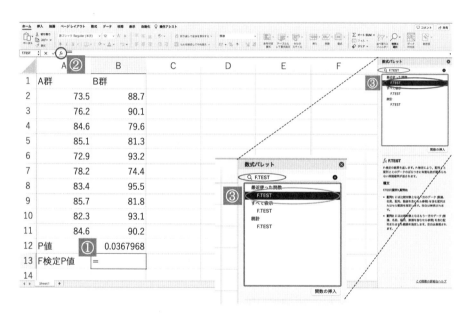

図 1.39 *F* 検定の関数の実行

① P 値を出力するセル (**図 1.39** ではセル B13) を選択する．
② 「関数の挿入」を選択する．
③ 右側に表示された数式パレットの検索窓に "F.TEST" と入力し，下に表
示された F.TEST を選択する．

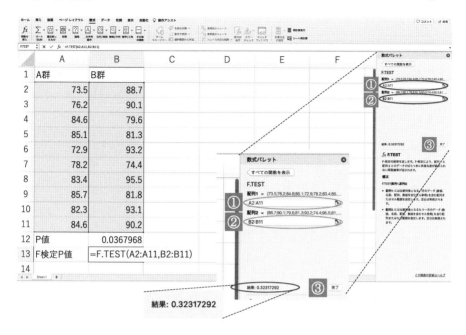

図 1.40 F 検定のためのデータの指定

続いて検定するデータを選択する (**図 1.40**).

① 「配列 1」に 2 標本のうちの一方のデータ (A2:A11) を入力する.
② 「配列 2」にもう一方のデータ (B2:B11) を入力する.
③ 「完了」をクリックすると, セル B13 に P 値が出力される.

なお, セル B13 に "=F.TEST(A2:A11,B2:B11)" と直接入力しても上記と同じ結果が得られる.

このデータに対する F 検定では, P 値はおおよそ 0.32 となる. 有意水準 α を 5% とすると $P > \alpha$ となり, 帰無仮説 $(H_0 : \sigma_A = \sigma_B)$ が採択され, 2 標本の分散が本質的に異なるとはいえないと検定される. ここで, σ_A は A 群の母集団の分散, σ_B は B 群の母集団の分散である.

練習問題 1

問 1.1

　都道府県庁所在地別の家計消費データを集めたデータセット 2023 年度版[7]を
ダウンロードして, 都道府県庁所在地におけるチョコレート菓子とスナック菓
子の消費量の相関係数を求めよ.

問 1.2

　問 1.1 のデータセットを用いて, 横軸に各都道府県庁所在地のチョコレート
菓子の消費量, 縦軸にスナック菓子の消費量をとった散布図を作成せよ. また,
チョコレート菓子とスナック菓子の回帰直線を散布図上に描き, 回帰直線の式
を求めよ.

---

7) https://www.nstac.go.jp/sys/files/SSDSE-C-2023.xlsx

2

Pythonを用いた統計解析とクラスタリング

　Excel によるデータ分析は, 統計指標の計算や可視化の手続きが簡単で, 手軽に
データを解析できる一方, 異なるデータセットに対して同じ解析を行う場合にも. 毎
回, 同一の手続きを実行しなくてはならない. またデータセットが膨大になると, 解
析データ範囲の指定手続きだけで時間がかかるだけでなく, データファイルを開け
ることさえできなくなる. そこで, データの大きさに対する拡張性が高く, 解析する
データを差し替えても再利用できるプログラムを作成してこのような面倒な作業を
自動化すると, 効率的にデータ解析を行うことができる. そのためのプログラム言
語としては, C/C++, R, Python, Matlab など無料で使用できるものから商用ソ
フトウェアまで, 様々なものがある. 本書で取り上げる Python は, シンプルにコード
を書けること, 可読性が高く保守が比較的容易にできること, データサイエンスや
AI で広く使用される計算ライブラリが提供されていることなどの利点があり, 昨今
のデータ分析で主流なツールになっている.

　本章以降では, Python[1]のソースコードを参照し, データサイエンスや AI のプ
ログラミングや解析結果の可視化について解説する.

2.1　統計量と相関係数の計算

　ソースコード 2.1 は, 前章で使用した「都道府県庁所在地別・家計消費デー
タ」の CSV ファイル (SSDSE-2020C)[2]を Python プログラムで読み込み, 各
食料品目の平均・分散や 2 つの品目間の相関係数を計算して, 正の相関が高い
品目間, 負の相関が高い品目間, 相関が低い品目間のデータを散布図として可視
化するためのものである.

---

1)　本書では, Python 3.8.5 を用いている.
2)　独立行政法人統計センターのホームページ (1.5 節参照) からダウンロードする.

ソースコード 2.1 都道府県庁所在地別・家計消費データの統計解析

```
1  import numpy as np
2  import pandas as pd
3  import matplotlib.pyplot as plt
4
5  data_table = pd.read_csv('SSDSE-2020C.csv',engine='python')
6  data = data_table.iloc[2:,4:]  #2行目以降，4列目以降のデータを切り出す
7  df = pd.DataFrame(data, dtype=np.float)
8
9  stat = df.describe() #統計量出力
10 correlation1=df['LB101002'].corr(df['LB072010'])#紅茶とジャムの相関
     係数
11 correlation2=df['LB053003'].corr(df['LB051103'])#納豆とはくさいの相関
     係数
12 correlation3=df['LB011001'].corr(df['LB080013'])#米とチョコレートの相
     関係数
13 print(stat)
14 print(correlation1, correlation2, correlation3)
15
16 #正の相関
17 X1=df.loc[:,'LB101002']
18 Y1=df.loc[:,'LB072010']
19 plt.scatter(X1, Y1, s=50, color="red", edgecolors="black")
20 plt.xlabel("紅茶", fontname="MS Gothic")
21 plt.ylabel("ジャム",fontname="MS Gothic")
22 plt.savefig('正の相関.png')
23 plt.show()
24
25 #負の相関
26 X2=df.loc[:,'LB053003']
27 Y2=df.loc[:,'LB051103']
28 plt.scatter(X2, Y2, s=50, color="green", edgecolors="black")
29 plt.xlabel("納豆",fontname="MS Gothic")
30 plt.ylabel("はくさい",fontname="MS Gothic")
31 plt.savefig('負の相関.png')
32 plt.show()
33
34 #無相関
35 X3=df.loc[:,'LB011001']
36 Y3=df.loc[:,'LB080013']
```

```
37  plt.scatter(X3, Y3, s=50, color="blue", edgecolors="black")
38  plt.xlabel("米",fontname="MS Gothic")
39  plt.ylabel("チョコレート",fontname="MS Gothic")
40  plt.savefig('無相関.png')
41  plt.show()
```

第1行〜第3行は以下のようになっている.

```
1  import numpy as np
2  import pandas as pd
3  import matplotlib.pyplot as plt
```

Python では, 関数やクラスをまとめたものを**モジュール**[3]という.

$$\text{“import「モジュール名」”}$$

と記述して該当するモジュールを取り込み, 以降のプログラム内で利用する.

ここでは多次元配列を効率的に扱うモジュール "numpy", データ分析作業を支援するモジュール "pandas", グラフを描くモジュール "matplotlib.pyplot" を取り込んでいる. また

$$\text{“import モジュール名 as「名称」”}$$

と記述することによって, 読み込んだモジュールに名称を付けることができる. 名前が長いモジュールでも, 短い名称を付けると簡潔なコードを書くことができるようになる.

第1行はモジュール "numpy" に "np" という名称を付け, このモジュールを "np" として呼び出すことを表している. モジュールの名称はよく使われるものが慣習的に決まっているので, それに従って作成すると第三者が読んでも理解できるコードを作ることができる.

---

3)　**クラス**：データとそれに関連するメソッドをカプセル化するための設計テンプレートのことをいう.

　メソッド：モジュール中のアルゴリズムをメソッドという. print(), len() などは単独で呼び出せる「関数」. 一方, リストに要素を追加する append() や文字列をつなぐ join() は変数や値に付けて呼び出す「メソッド」である. メソッドは, 変数や値の後にドット (.) を付けて呼び出す.

第 5 行〜第 7 行では, 家計消費データファイルからデータを読み込み, 解析に適したデータを抽出する.

```
5  data_table = pd.read_csv('SSDSE-2020C.csv',engine='python')
6  data = data_table.iloc[2:,4:] #2行目以降, 4列目以降のデータを切り出す
7  df = pd.DataFrame(data, dtype=np.float)
```

第 5 行では, pandas モジュールの "read_csv" メソッドを用い, Python の
ソースコードと同じディレクトリにある家計消費データファイル "SSDSE-2020C.
csv" からデータを読み込む. 読み込みの結果は, 2 次元のデータに対応するた
めのデータ構造である pandas の **"DataFrame"** 型の変数 "data_table" に
格納される. 第 6 行では, 変数 "data_table" から指定された行・列の部分を抜
き出す "iloc" メソッドを用い, 2 行目以降, 4 列目以降の部分を切り出す. 2 行
目以降は北海道以下の各都道府県に対応し, 4 列目以降は世帯人数および各食料
品目の支出額のデータ部分に対応する. したがって, ここでは数値データのみを
抜き出して, 変数 "data" に格納する. なお, # は**コメントアウト記号**で, 計算処
理においてそれ以降の文字列を無視する. 第 7 行で, 数値データの配列 "data"
を DataFrame 型の変数 "df" に変換する. この部分でデータ解析や解析結果の
可視化に適した構造のデータを用意し, 統計解析やグラフの描画処理に進む.

第 9 行〜第 14 行で, 家計消費データの統計解析を行う.

```
9   stat = df.describe() #統計量出力
10  correlation1=df['LB101002'].corr(df['LB072010'])#紅茶とジャムの相関
      係数
11  correlation2=df['LB053003'].corr(df['LB051103'])#納豆とはくさいの相関
      係数
12  correlation3=df['LB011001'].corr(df['LB080013'])#米とチョコレートの相
      関係数
13  print(stat)
14  print(correlation1, correlation2, correlation3)
```

第 9 行で DataFrame 型の変数 "df" に格納した数値データに対して "describe"
を用いて各列の**要約統計量**を計算し, 第 13 行で要約統計量を表示する.

	LA03	LB00	...	LB121202	LB122001
count	47.000000	4.700000e+01	...	47.000000	47.000000
mean	2.974681	9.461333e+05	...	19434.510638	10841.702128
std	0.118960	6.392890e+04	...	5046.315694	3317.193837
min	2.720000	7.891430e+05	...	9081.000000	4330.000000
25%	2.900000	9.034520e+05	...	15998.000000	8526.500000
50%	2.960000	9.511760e+05	...	19389.000000	10483.000000
75%	3.035000	9.837700e+05	...	22404.500000	12564.000000
max	3.240000	1.123765e+06	...	37379.000000	18238.000000

```
[8 rows x 227 columns]
```

これによって, 各列 (LA03, LB00, ...) のデータ数 (count), 平均 (mean), 標準偏差 (std), 最小値 (min), 1/4 分位数 (25%), 中央値 (50%), 3/4 分位数 (75%), 最大値 (max) が出力される.

第 10 行では, 関数 "corr" を用いて LB101002 列 (紅茶) と LB072010 列 (ジャム) の相関係数を計算し, その結果を変数 "correlation1" に格納する. 同様に, 第 11 行, 第 12 行で, それぞれ納豆とはくさい, および米とチョコレートの相関係数を計算し, 求めた相関係数を第 14 行で表示する.

```
0.7897528954153799    -0.7329314408004066    0.0032735039969494697
```

紅茶のジャムの相関係数は 0.79 であり強い正の相関があること, 納豆とはくさいの相関係数は −0.73 であり強い負の相関があること, 米とチョコレートの相関係数は 0.003 であり相関がないことが確認できる.

第 17 行～第 23 行で, 紅茶とジャムの支出金額の散布図を描く.

```
17  X1=df.loc[:,'LB101002']
18  Y1=df.loc[:,'LB072010']
19  plt.scatter(X1, Y1, s=50, color="red", edgecolors="black")
20  plt.xlabel("紅茶", fontname="MS Gothic")
21  plt.ylabel("ジャム",fontname="MS Gothic")
22  plt.savefig('正の相関.png')
23  plt.show()
```

　第 17 行で変数 df から紅茶に対応する "LB101002" 列のデータを取り出して
変数 X1 に格納し，第 18 行でジャムに対応する "LB072010" 列のデータを取り
出して変数 Y1 に格納する．第 19 行では，関数 "scatter" を用いて変数 X1 と
Y1 の散布図を作成する．ここで s=50, color="red", edgecolors="black"
で散布図の各マーカーの大きさ，塗りつぶす色，および縁取りの色を指定する．
第 20 行，第 21 行では，散布図の横軸および縦軸に各軸を説明するラベルを付
与する．作成した散布図は第 22 行の "savefig" で図として保存し，第 23 行で
作成した散布図をディスプレイに表示する．

　同様にして，第 26 行〜第 32 行，および第 35 行〜第 41 行で納豆とはくさい，
および米とチョコレートの散布図を作成・保存・描画する．

　図 2.1 の散布図によって，紅茶とジャムの正の相関，納豆とはくさいの負の相
関，米とチョコレートの無相関が視覚的に理解できる．

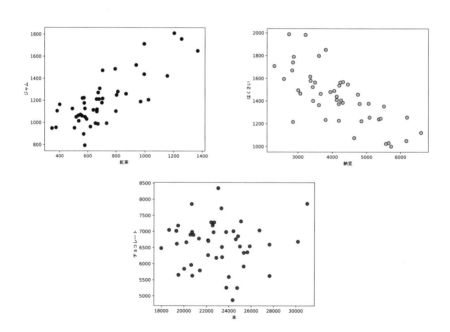

図 2.1　紅茶とジャム，納豆とはくさい，米とチョコレートのそれぞれの散布図

2.2 クラスタリング

　ビッグデータを学習して予測や分類などのタスクを遂行する機械学習は, 訓練データの違いによって大きく 2 つに分けることができる[4]. 訓練データに正解を与えた状態で学習する手法が「**教師あり学習** (supervised learning)」である. 物体識別問題では, 画像とそこに映っている物体の名称 (ラベル) の組からなる訓練データを与え, 画像データから物体の名称を出力する数理モデルを設計する. 訓練データで, 画像に付与している物体名称が正解ラベル (**教師信号**) に相当し, この画像データセットから数理モデルを導く. 一方, 正解のない訓練データを学習する手法が「**教師なし学習** (unsupervised learning)」である. 例えば, 大量の画像データのみを学習して各画像が似ているか否かという基準を導き, この基準に従って画像データをグループに分ける.

　クラスター分析は教師なし学習で, 異なる属性値をもつデータが混ざり合った状態から特徴の類似したデータを寄せ集めてグループを生成する. 類似したデータの集合・グループを**クラスター** (cluster) とよぶ. クラスタリングには, 各データやクラスターを少しずつ統合しながら徐々に大きなクラスターの階層を形成していく**階層的クラスタリング**と, あらかじめクラスターの数を設定し, クラスターの階層を有しない形態でデータをグループに分ける**非階層的クラスタリング**がある.

2.2.1 階層的クラスタリング

　階層的クラスタリングでは, クラスターを作成する過程で階層構造を形成する. あらかじめクラスター間の**類似度** (similarity) を定義し, データを寄せ集めてボトムアップ的にクラスターを作成するので, **凝集型クラスタリング**ともよぶ. 最も類似しているデータどうしを統合しながらクラスターを作成する方法や, クラスター内分散・クラスター間分散などの規準に従って逐次まとまりのよいクラスターを作成する方法がある.

　クラスタリングの方法は以下のような手順をとる.
① クラスター間の類似度 (非類似度) を計算する. 最初は, 各データを要素数 1 のクラスターとみなす.

---

4) 「データサイエンス応用基礎」の 9 章を参照せよ.

② クラスター間の類似度 (非類似度) が大きい (小さい) クラスターの組合せ
をみつける.

③ 該当する組合せのクラスターを統合して 1 つのクラスターを作成する.

④ 手順 1 に戻って同じ操作を繰り返す.

クラスター間の類似度 (非類似度) の定義により, 階層的クラスタリングには
単連結法 (single link method), 完全連結法 (complete link method), 重心法
(centroid method) などがある.

2.2.2　単 連 結 法

図 2.2 の**単連結法**では, 各クラスターに含まれるデータの間で, (ベクトルと
して) 最も距離の小さいデータの組合せをとり, そのデータ間の距離を非類似度
とする.

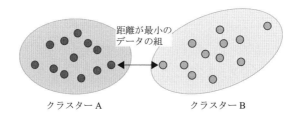

距離が最小の
データの組

クラスター A　　　　　　　　　　クラスター B

図 2.2　単連結法のクラスター間距離

ソースコード 2.2 では, Python を用いて人工的に生成したデータセットを単
連結法によってクラスタリングしている.

ソースコード 2.2　人工データの単連結法によるクラスタリング

```
1  import matplotlib.pyplot as plt
2  from sklearn.datasets import make_blobs
3  from sklearn.cluster import AgglomerativeClustering
4  import scipy.cluster.hierarchy as sch
5
6  #データ生成と散布図描画
7  x,y = make_blobs(n_samples = 100,centers=3)
```

```
 8   plt.scatter(x[:, 0], x[:, 1], c='r', edgecolor='k', marker='o', s
         =100)
 9   plt.grid()
10   plt.show()
11
12   #クラスタリング
13   model = AgglomerativeClustering(n_clusters=3,affinity='euclidean',
         linkage='single')
14   model.fit(x)
15   labels = model.labels_
16
17   #クラスタリング結果を反映した散布図描画
18   plt.scatter(x[labels==0,0],x[labels==0,1],s=100,marker='o',color='
         red', edgecolor='black')
19   plt.scatter(x[labels==1,0],x[labels==1,1],s=100,marker='o',color='
         blue',edgecolor='black')
20   plt.scatter(x[labels==2,0],x[labels==2,1],s=100,marker='o',color='
         green',edgecolor='black')
21   plt.show()
22
23   #樹形図描画
24   dendrogram = sch.dendrogram(sch.linkage(x,method='single'))
25   plt.show()
```

第 1 行〜第 4 行でクラスタリングに必要なモジュールを取り込む.

```
1   import matplotlib.pyplot as plt
2   from sklearn.datasets import make_blobs
3   from sklearn.cluster import AgglomerativeClustering
4   import scipy.cluster.hierarchy as sch
```

第 1 行でグラフ描画, 第 2 行で人工的なデータ生成, 第 3 行で凝集型クラスタリング, 第 4 行でクラスタリングの階層構造の可視化のためのモジュールを取り込んでいる. 第 2 行, 第 3 行で使用されている表現

"from「モジュール名」import「モジュールの一部」"

により, モジュール全体ではなくその一部を取り込む.

第 7 行～第 10 行で人工的にデータセットを生成し,そのデータの散布図を描く.

```
7   x,y = make_blobs(n_samples = 100,centers=3)
8   plt.scatter(x[:, 0], x[:, 1], s=100, c='red', edgecolor='k',
        marker='o' )
9   plt.grid()
10  plt.show()
```

第 7 行の "make_blobs" で,塊の数 (centers) が 3 つとなるようなデータ数 (n_samples) 100 個のデータを生成する.変数 x は各データの座標値を格納し,変数 y は各データが属する塊の番号 (0,1,2) を格納する.第 8 行で,生成したデータの散布図を作成する."scatter" の引数 "marker" は各データのマーカーの形で,ここでは「丸印」(o) を指定している.第 9 行で散布図にグリッドを表示し,第 10 行で**散布図 2.3** を描く.なお,"make_blobs" で生成されるデータはプログラムを実行するたび乱数によって変わるため,図 2.3 と同じグラフは描かれない.

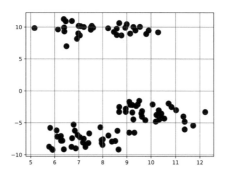

図 2.3 人工的に生成されたデータの散布図

第 13 行～第 15 行で,人工的に生成したデータを単連結法でクラスタリングする.

```
13  model = AgglomerativeClustering(n_clusters=3,affinity='euclidean',
        linkage='single')
```

```
14  model.fit(x)
15  labels = model.labels_
```

　第13行では凝集型クラスタリングの計算を支援するクラス "Agglomerative Clustering" の実体[5] "model" を作成する. ここではクラスターの数を 3 (n_clusters=3), データ間の距離をユークリッド距離 (affinity='euclidean'), クラスタリングの方法を単連結法 (linkage='single') で指定している. 第14行で凝集型クラスタリングモデルに人工的に生成したデータ x を "fit" メソッドに入力し, クラスタリングの計算を実行する. 第15行で各データが分類されるクラスターの番号を取得し, 変数 "labels" に格納する. このように, Python に用意されているモジュールを効率的に使用することで, クラスタリングにおける距離計算, 類似しているクラスターの検出, そのクラスターの統合などの煩雑な計算処理を3行で記述できる.

　第18行〜第21行で, クラスタリングの結果を散布図に描く.

```
18  plt.scatter(x[labels==0,0],x[labels==0,1],s=100,marker='o',color='
      red', edgecolor='black')
19  plt.scatter(x[labels==1,0],x[labels==1,1],s=100,marker='o',color='
      blue',edgecolor='black')
20  plt.scatter(x[labels==2,0],x[labels==2,1],s=100,marker='o',color='
      green',edgecolor='black')
21  plt.show()
```

　第18行では, 0番目のクラスターに分類されたデータのみを抽出し, そのデータを赤 (●) の丸印として描く散布図を作成する. 第19行, 第20行で, 第1番目および第2番目のクラスターに分類されたデータをそれぞれ青 (●) および緑 (◉) の丸印として表す散布図を作成し, 第21行でこの散布図を描く.

　図2.4では, データの塊ごとに異なる色のマーカーが集まり, 適切にクラスタリングされている.

　階層的クラスタリングは凝集型クラスタリングであり, 2つのクラスターが統合されて1つのクラスターができあがる処理を繰り返す. 統合される前の2

---

5)　**実体**：変数やデータのかたまりのことをいう.

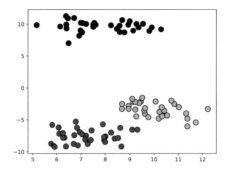

図 2.4 単連結法によるクラスタリングの結果

つのクラスターを**子ノード**, 統合されて作られるクラスターを**親ノード**, クラス
ターが構築される様子を階層構造として表したものを**樹形図** (**デンドログラム**)
とよぶ.

第 24 行〜第 25 行でクラスタリングの階層構造を表す樹形図 (デンドログラ
ム) を計算する.

```
24   dendrogram = sch.dendrogram(sch.linkage(x,method='single'))
25   plt.show()
```

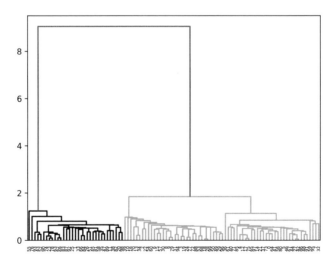

図 2.5 単連結法によるクラスタリングの樹形図

第24行で "dendrogram" によって，データ x を単連結法 (method='single')
でクラスタリングした場合の樹形図を作成し，第 25 行で描く．**図 2.5** は，デー
タやクラスターが統合されていく順番を，樹形図で階層的に表現している．

2.2.3　完全連結法

図 2.6 の**完全連結法**では，各クラスター間の非類似度は，各クラスターに含ま
れるデータ間で最も距離が大きいデータの組合せをみつけ，そのデータ間の距
離として定義する．

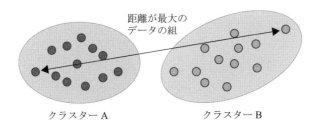

図 2.6　完全連結法のクラスター間距離

この完全連結法を用い，単連結法と同様の人工データをクラスタリングするプ
ログラムを作成する．このプログラムはゼロからコードを書くのではなく，ソー
スコード 2.2 の第 13 行と第 24 行の "single" を "complete" に変更するだけ
でよい．

```
13  model = AgglomerativeClustering(n_clusters=3,affinity='euclidean',
        linkage='complete')
```

```
24  dendrogram = sch.dendrogram(sch.linkage(x,method='complete'))
```

図 2.7 (A) と**図 2.8** (A) は，完全連結法によるクラスタリングの結果を散布
図と樹形図で可視化したものである．

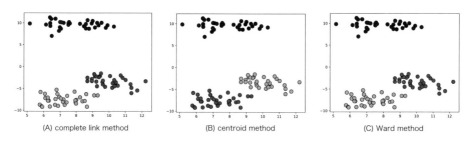

図 2.7 (A) 完全連結法, (B) 重心法, (C) ウォード法によるクラスタリングの結果 (散布図)

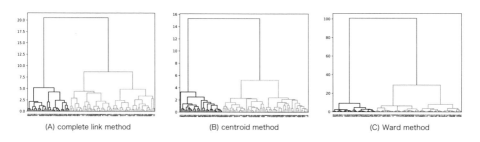

図 2.8 (A) 完全連結法, (B) 重心法, (C) ウォード法によるクラスタリングの結果 (樹形図)

2.2.4 重 心 法

図 2.9 の重心法では, 各クラスターに含まれるデータの重心位置 (平均値) を計算して各クラスターの代表値とみなし, 代表値間の距離をクラスターの非類似度として採用する.

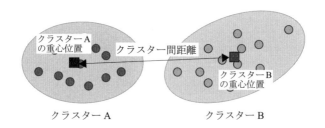

図 2.9 重心法のクラスター間距離

　重心法によるクラスタリングのプログラムは, ソースコード 2.2 の第 13 行および第 24 行の "single" を "average" に変更すればよい. すると, **図 2.7** (B) および**図 2.8** (B) が出力される.

2.2.5　ウォード法

　適切にクラスタリングされた状態では, 類似したデータは同じクラスター内に密に集まり, 類似していないデータは離れた異なるクラスターに分類されている. したがって, クラスター内のデータの分散は小さく, クラスター間の分散は大きい. **ウォード** (Ward) **法**では, このうちのクラスター内の分散を指標とし, クラスター内分散が小さくなるようにデータを逐次統合して階層的にクラスターを形成する.

　クラスター p とクラスター q を統合してクラスター t を作る場合, クラスター p, q, t のクラスター内分散をそれぞれ S_p, S_q, S_t とおくと, 統合処理によってクラスター内分散は

$$\Delta S_{pq} = S_t - S_p - S_q$$

だけ増加する. したがって, ウォード法ではこの増加が最小となる p, q をみつけて, その 2 つのクラスターを統合することになる. 新しいクラスターができるたびにそのクラスターに含まれるデータを用いてクラスター内分散を最初から計算する必要のないアルゴリズムがあり[6], 高速に実行することができる.

　ウォード法によるクラスタリングのプログラムは, ソースコード 2.2 の第 13 行および第 24 行の "single" を "ward" に変更すればよい. **図 2.7** (C) および**図 2.8** (C) は, 同じ人工データに対してウォード法でクラスタリングした結果である.

　単連結法, 完全連結法, 重心法, ウォード法によりクラスタリングした散布図 (図 2.4, 図 2.7) はすべて同じ結果になった. これは, 人工データが 3 つのクラスターに分類しやすくなっていたことによるもので, 一般にはこれらの手法によって分類結果は異なる.

---

6)　「データサイエンス応用基礎」の 9.2 節 p.145–147 を参照.

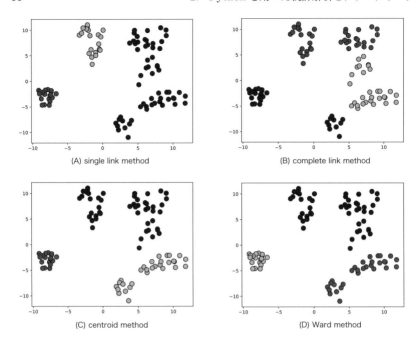

図 2.10 (A) 単連結法, (B) 完全連結法, (C) 重心法, (D) ウォード法によるクラスタリングの結果

　ここで例えば, ソースコード 2.2 の第 7 行を

```
7  x,y = make_blobs(n_samples = 100,centers=10)
```

に変更し, 塊の数が 10 個となるように人工データを作成すると, 単連結法, 完全連結法, 重心法, ウォード法によって, **図 2.10** に示すように異なる結果が得られる.

2.2.6　非階層的クラスタリング

　クラスターの数をあらかじめ定めて, クラスターの形成過程に階層性を有しないクラスタリングを**非階層的クラスタリング**とよぶ. *k*-**平均法** (*k*-means clustering method) は非階層的クラスタリングのなかで最も標準的な方法で, 様々な分類問題に適用されている.

k-平均法では, データが k 個のクラスターに分けられている状態において, 各クラスターに含まれるデータの平均値 (重心) をそのクラスターの代表値とみなす. 各データと代表点の距離を非類似度とし, 非類似度が最小のクラスターにデータを再度分類して新たなクラスターを作成する. この手順を繰り返し, 少しずつデータに適したクラスターを探索する.

Step 1 各クラスターの代表値の初期値をランダムに決める.

Step 2 各データとクラスターの代表値との間の距離を計算する.

Step 3 各データを距離が最小であるクラスターに分類する.

Step 4 各クラスターに分類されているデータの平均値を計算し, クラスターの代表値とする. 新たに作成されたクラスターに対して Step2 に戻り, 上述の手続きを繰り返す.

図 2.11 は, k-平均法を用いて 6 つのデータ { a, b, c, d, e, f } を 2 つのクラスターに分類する概略図である. (1) では 2 つのクラスターの代表値 A, B をランダムに決め, (2) で各データと代表値 A, B との距離を計算する. 例えば, データ d と代表値 A および代表値 B との距離を計算すると, データ d は代表値 A に近いことがわかるので, データ d は A のクラスターに分類される.

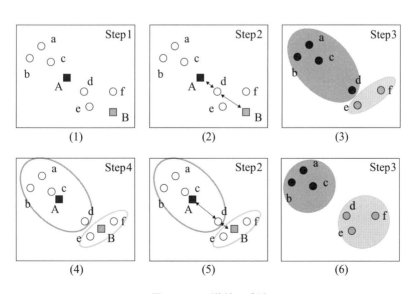

図 2.11 k-平均法の手順

(3) では, すべてのデータに対して代表値 A と B のどちらに近いかを求めている. データ a, b, c, d は代表値 A に近く, データ e, f は代表値 B に近いことからクラスター { a, b, c, d } とクラスター { e, f } が形成される. (4) でクラスター{ a, b, c, d } とクラスター { e, f } に含まれる各データの平均値を計算し, 代表値 A, B として採用する. (5) では (2) と同様に各データと代表値 A, B との距離を計算する. 今回はデータ d は代表値 B に近いので, (6) のようにクラスター{ a, b, c } とクラスター { d, e, f } を形成する.

ソースコード 2.3 は, 人工データに対して k-平均法を用いたクラスタリングを実行するプログラムである.

ソースコード 2.3　人工データの k-平均法によるクラスタリング

```
1  from sklearn.cluster import KMeans
2  import matplotlib.pyplot as plt
3  from sklearn.datasets import make_blobs
4
5  #データ生成と散布図描画
6  x, y= make_blobs(n_samples=1000, n_features=2, centers
       =[[-1,-1],[0,0],[1,1],[2,2]], cluster_std=[0.4,0.2,0.2,0.2])
7  plt.scatter(x[:,0],x[:,1],marker='o')
8  plt.show()
9
10 #k-平均法クラスタリング
11 y_pred = KMeans(n_clusters=4).fit_predict(x)
12 plt.scatter(x[:,0],x[:,1],c=y_pred) #分類結果のラベルの色を指定
13 plt.show()
```

第 1 行〜第 3 行で, k-平均法に必要なモジュールを取り込む.

```
1  from sklearn.cluster import KMeans
2  import matplotlib.pyplot as plt
3  from sklearn.datasets import make_blobs
```

第2行, 第3行は階層的クラスタリングでも使用したグラフを描くモジュールおよび人工データを生成するモジュールである. 第1行では, k-平均法に使用するモジュール "KMeans" を取り込んでいる.

第6行〜第8行で人工データを生成し, データの内容を確認するために散布図で可視化する.

```
6  x, y= make_blobs(n_samples=1000, n_features=2, centers
       =[[-1,-1],[0,0],[1,1],[2,2]], cluster_std=[0.4,0.2,0.2,0.2])
7  plt.scatter(x[:,0],x[:,1],marker='o')
8  plt.show()
```

第6行では4つのガウス分布に従って2次元 (n_features=2) の人工データを1000個 (n_samples=1000) 生成する. 各ガウス分布の平均は $\boldsymbol{\mu} = (-1, -1)$, $(0, 0), (1, 1), (2, 2)$, 標準偏差は $\sigma = 0.4,\ 0.2,\ 0.2,\ 0.2$ になっている. 第7行〜第8行で, 人工データの散布図を描く. 散布図は省略するが, 与えられたガウス分布の中心周りに人工データが生成されていることが確認できる.

第11行〜第13行目で, 人工データに対して k-平均法によるクラスタリングを実行する.

```
11  y_pred = KMeans(n_clusters=4).fit_predict(x)
12  plt.scatter(x[:,0],x[:,1],c=y_pred) #分類結果のラベルの色を指定
13  plt.show()
```

k-平均法は繰り返し計算を必要とするが, Python のプログラムで繰り返し処理を書く必要はなく, 第11行の1行のプログラムだけで実行する. "KMeans (n_cluster=4)" は, クラスター数を4に設定した k-平均法のためのデータを作成する. "fit_predict" で人工データ x をクラスタリングし, 各データが分類される先のクラスター番号を "y_pred" に出力する. 第12行〜第13行で各データを分類されたクラスター番号に応じて色分けし, 散布図で可視化する.

図2.12では, 同じガウス分布から生成したデータを同じクラスターに分類していることが確認できる.

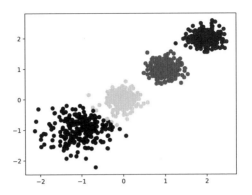

図 2.12 k-平均法によるクラスタリングの結果

2.2.7 シルエット係数

　前項の例では，4 つのガウス分布から人工的にデータを生成しているので，ク
ラスターの数も同数の 4 に設定して k-平均法によるクラスタリングを実行すれ
ば，適切にデータを分類することができた．一般には，データをいくつのクラス
ターに分ければよいかは自明ではない．そこで，クラスタリングの性能を定量的
に評価して最適なクラスター数を探索する．クラスタリングの性能を評価する
尺度としては，凝集度と乖離度がよく用いられている．

　凝集度　　各クラスター内でデータが密に集まっているかどうかを表す尺度．
　乖離度　　異なるクラスターが遠くに離れているかどうかを表す尺度．

　図 2.13 の左図では，各クラスター内のデータが密集して塊をなしている．凝
集度が高く，2 つのクラスター間も距離をおいて配置され乖離が高い例で，2 つ
のクラスターがよく区別されていることがわかる．一方，右図では，クラスター

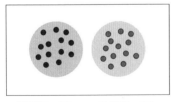

凝集度：高い　　　乖離度：高い

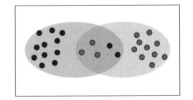

凝集度：低い　　　乖離度：低い

図 2.13 凝集度・乖離度とクラスタリング

内のデータが大きく広がって凝集度が低いため，2つのクラスターが交わって乖
離度が低く，2つのクラスターが交差する領域にあるデータが適切に分類されて
いない．凝集度と乖離度が高いほど良いクラスタリングであることがわかる．

　凝集度が高いほど，また乖離度が高いほど大きな値をとる指標として，**シル
エット係数** (silhouette coefficient) がある[7]．シルエット係数は -1 から $+1$ の
値をとり，その値が 1 に近いほどクラスタリングが有効であることを示してい
る．そこで，クラスター数を変化させてシルエット係数の変動を確認し，その値
が最大となるクラスター数を検出すればよい．

　ソースコード 2.4 では，クラスター数を $2, 3, \cdots, 9$ と設定したときのシルエッ
ト係数を計算し，シルエット係数が最大となるクラスター数をみつける．

ソースコード 2.4　シルエット係数を用いた最適なクラスター数の探索

```
1  import numpy as np
2  from sklearn.cluster import KMeans
3  import matplotlib.pyplot as plt
4  from sklearn.datasets import make_blobs
5  from sklearn.metrics import silhouette_score
6
7  #データ生成
8  x, y= make_blobs(n_samples=1000, n_features=2, centers
       =[[-1,-1],[0,0],[1,1],[2,2]], cluster_std=[0.4,0.2,0.2,0.2])
9
10 #クラスター数ごとのシルエット係数の計算
11 scores = [ ]
12 range_values =np.arange(2,10)
13 for i in range_values:
14     kmeans = KMeans(n_clusters=i)
15     kmeans.fit(x)
16     score = silhouette_score(x, kmeans.labels_, metric='euclidean'
           , sample_size=len(x))
17     scores.append(score)
18
19 #クラスター数とシルエット係数の関係
```

7)　「データサイエンス応用基礎」の 9.4 節を参照．

```
20  plt.plot(range_values, scores,marker='o', markersize=10,
        markeredgecolor="black")
21  plt.title('silhouette score')
22  plt.xlabel('cluster')
23  plt.ylabel('score')
24  plt.show()
```

第 1 行～第 5 行で必要なモジュールを取り込み, 第 8 行で人工的にデータを生成する. 特に, 第 5 行では, シルエット係数を計算するときに使用するモジュール "silhouette_score" を取り込む.

第 11 行～第 17 行で, クラスター数を 2, 3, ⋯, 9 と変えたときのシルエット係数を計算する.

```
11  scores = [ ]
12  range_values =np.arange(2,10)
13  for i in range_values:
14      kmeans = KMeans(n_clusters=i)
15      kmeans.fit(x)
16      score = silhouette_score(x, kmeans.labels_, metric='euclidean'
            , sample_size=len(x))
17      scores.append(score)
```

第 11 行では, 変数 "score" に各クラスター数におけるシルエット係数の結果を格納する. 第 12 行でクラスター数 (2,3,4,5,6,7,8,9) を格納したリスト "range_values" を作成する. 第 13 行～第 17 行でクラスター数を設定し, クラスタリングを実行した後, シルエット係数を計算する処理を繰り返す. 第 13 行でリスト (2,3,4,5,6,7,8,9) から順番に数字を取り出し, クラスター数の変数 "i" に設定する. 第 14 行で定められたクラスター数の "KMeans" クラスを作成し, 第 15 行で人工データ "x" に対して k-平均法のクラスタリングを実行する. このクラスタリングの結果を受けて, 第 16 行ではシルエット係数を計算し, 第 17 行で計算結果を配列 "score" に追加して保存する.

第 20 行～第 24 行で, クラスター数とシルエット係数の関係を可視化する.

```
20  plt.plot(range_values, scores,marker='o', markersize=10,
        markeredgecolor="black")
21  plt.title('silhouette score')
22  plt.xlabel('cluster')
23  plt.ylabel('score')
24  plt.show()
```

第20行の "plot" で, 横軸にクラスター数 (cluster), 縦軸にシルエット係数
(score) をとって折れ線グラフを作成する. 第21行~第23行でグラフのタイト
ル (silhouette score) や横軸, 縦軸の付けるラベルを与え, 第24行で折れ線グ
ラフを描くと, 図 2.14 のように, クラスター数とシルエット係数の関係が可視
化できる.

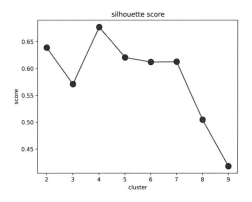

図 2.14 クラスター数とシルエット係数の関係

クラスター数が4のときにシルエット係数が最大となるので, 最適なクラス
ター数は4であることが確認できる. クラスター数を 2, 3, …, 9 と設定したと
きのクラスタリングの結果を散布図にしたものが, 図 2.15 である.

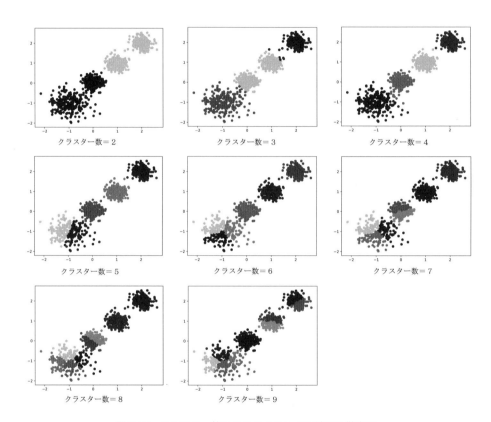

図 2.15　クラスター数とクラスタリングの結果の散布図

練習問題 2

問 2.1

　都道府県庁所在地別の家計消費データを集めたデータセット 2023 年度版[8])を ファイル名 "SSDSE-C-2023.csv" としてダウンロードして, 合いびき肉と魚介 類の消費量の相関係数を計算する Python プログラムを作成せよ.

問 2.2

　問 2.1 のデータを用い, 合いびき肉と魚介類の消費量データを k-平均法によっ て 3 つのクラスターに分類せよ.

---

8)　https://www.nstac.go.jp/sys/files/SSDSE-C-2023.csv

3

Python を用いた回帰分析

　第 1 章で述べたように，回帰分析は入力である説明変数と出力である目的変数の関係を数式として表現することによって，説明変数・目的変数の各要因間の関係を定量的に表現する方法である．得られた数式の説明変数に入力値を代入して目的変数の出力値を求める予測や，数式をグラフで可視化して要因間の関係性を視覚的に把握するデータ分析で，回帰分析は広く用いられている．

　本章では，Python で回帰分析を実行するためのプログラミングについて述べる．Python のモジュールを活用すると，様々なデータを容易に回帰分析することができる．

3.1　単回帰分析

　与えられたデータセット (x_i, y_i), $i = 1, 2, \cdots, N$ に対して，説明変数を x, 目的変数を y とする関係式

$$y = ax + b \tag{3.1.1}$$

が成り立つと仮定し，与えられたデータセットに最も合致する a, b を導く．上式に第 i 番目の説明変数の数値 x_i を代入すると目的変数の予測値は $ax_i + b$ となる．関係式がデータセットに近ければ，この予測値と目的変数の実値 y_i の誤差

$$e_i = y_i - (ax_i + b) \tag{3.1.2}$$

の絶対値は小さくなる．

　できるだけデータセットに合致する関係式をみつけるため，すべてのデータにわたる**誤差の 2 乗和**

$$\phi = \sum_{i=1}^{N} e_i{}^2 \tag{3.1.3}$$

69

が最小となるようにパラメータ a, b を求める。この値 ϕ は誤差ベクトル $(e_i) \in$ $\mathbf{R}^N$ の長さの 2 乗で，特にその値は非負になる。この場合は説明変数の数が 1 つであるので**単回帰分析**といい，求めた直線を**回帰直線**，その関係式を**線形回帰モデル**という。誤差の 2 乗和が最小となる最適なパラメータ a, b を求める理論的な計算式はあるが[1]，Python ではその式を直接用いずに，最適なパラメータ a, b を学習によって求める。

前章で用いた「都道府県庁所在地別・家計消費データ」の「かぼちゃ」と「果物加工品」の支出金額に対して回帰分析を行う Python プログラムを**ソースコード** 3.1 に示す。

ソースコード 3.1 都道府県庁所在地別・家計消費データの回帰分析

```
 1  import numpy as np
 2  import pandas as pd
 3  import matplotlib.pyplot as plt
 4  from sklearn.linear_model import LinearRegression
 5
 6  #データの読み込み
 7  data_table = pd.read_csv('SSDSE-2020C.csv',engine='python')
 8  data = data_table.iloc[2:,4:] #2行目以降，4列目以降のデータを切り出す
 9  df = pd.DataFrame(data,dtype=np.float)
10
11  #説明変数：かぼちゃ　目的変数：果物加工品に設定
12  x = df[['LB051302']].values #説明変数
13  y = df['LB062001'].values #目的変数
14
15  #回帰分析
16  lr = LinearRegression()
17  lr.fit(x,y)
18
19  #回帰直線のパラメータ表示
20  print('slope = ', lr.coef_[0])
21  print('intercept = ', lr.intercept_)
22
23  #回帰直線の可視化
```

---

1) 「データサイエンスリテラシー」(5.2 節) や「データサイエンス応用基礎」(5.2 節) を参照.

```
24  plt.scatter(x, y, s=50, color="green", edgecolor="black", alpha =
        0.4)
25  plt.plot(x, lr.predict(x), color="red")
26  plt.show()
```

第 1 行〜第 4 行で必要なモジュールを取り込む.

```
1  import numpy as np
2  import pandas as pd
3  import matplotlib.pyplot as plt
4  from sklearn.linear_model import LinearRegression
```

特に, 第 4 行の "LinearRegression" で回帰分析を行う.

第 7 行〜第 9 行で家計消費データファイルからデータを読み込む. 必要な数値データ部分を切り出し, 解析に適した DataFrame 型のデータ構造への変換を行う. 前章のソースコード 2.1 での読み込み手順と同じである.

第 12 行〜第 13 行で説明変数, 目的変数に数値データを設定する.

```
12  x = df[['LB051302']].values
13  y = df['LB062001'].values
```

説明変数を「かぼちゃ」の支出金額, 目的変数を「果物加工品」の支出金額とする. かぼちゃのデータは LB051302 列, 果物加工品のデータは LB062001 列である. このことは家計消費データファイル "SSDSE-2020C.csv" を直接 Excel で見て確認する. 第 12 行で説明変数 "x" にかぼちゃに対応する LB051302 列の数値データを格納し, 第 13 行では目的変数 "y" に果物加工品に対応する LB062001 列の数値データを格納する.

第 16 行〜第 17 行でこれらのデータの回帰分析を行う.

```
16  lr = LinearRegression()
17  lr.fit(x,y)
```

第 16 行では線形回帰モデル "lr" を作成する. 第 17 行で説明変数データ x と目的変数データ y を線形回帰モデルの "fit" で学習し, 回帰直線を求める. Python では, この 1 行で回帰分析を行うことができる.

第 20 行〜第 21 行で回帰式のモデルパラメータを表示する.

```
20  print('slope = ', lr.coef_[0])
21  print('intercept = ', lr.intercept_)
```

線形回帰モデルのメンバー変数[2] "coef_[0]" は回帰式の傾き ($y = ax + b$ の a に相当) で, メンバー変数 "intercept_" は回帰式の切片 ($y = ax + b$ の b に相当) である. 表示結果

slope = 1.7530220834669075

intercept = 419.45144743029005

より, かぼちゃと果物加工品の線形回帰直線の傾きは 1.75, 切片は 419.45 となっている.

$$y = 1.75x + 419.45$$

第 24 行〜第 26 行でデータの散布図上に求めた回帰式を重ねて描く.

```
24  plt.scatter(x, y, s=50, color="green", edgecolor="black", alpha =
        0.4)
25  plt.plot(x, lr.predict(x), color="red")
26  plt.show()
```

第 24 行では, 横軸に説明変数, 縦軸に目的変数をとった散布図を作成する. 第 25 行で線形回帰モデルの "predict" を用いて説明変数 x に対応する目的変数 y の予測値を計算し, 回帰直線を描く.

図 3.1 の回帰直線によって, かぼちゃの支出金額が増加すると果物加工品の支出金額も増加するデータセットの傾向が確認できる.

---

[2] **メンバー変数**：実体のなかに格納されている変数のことをいう.

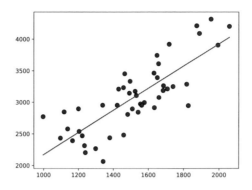

図 3.1 かぼちゃと果物加工品の回帰直線

3.2 重回帰分析

ボストンの住宅価格データセット[3])では 14 個の変数の組[4])

1 : CRIME   per capita crime rate by town
犯罪発生率

2 : ZN   proportion of residential land zoned for lots over 25,000 sq.ft.
25,000 平方フィート以上の住宅区間の割合

3 : INDUS   proportion of non-retail business acres per town
非小売業の土地面積割合

4 : CHAS   Charles River dummy variable ($= 1$ if tract bounds river; 0 otherwise)
チャールズ川沿いかどうか (川沿いなら 1, 川沿いでないなら 0)

5 : NOX   nitric oxides concentration (parts per 10 million)
窒素酸化物の濃度

6 : RM   average number of rooms per dwelling
一戸当たりの平均部屋数

7 : AGE   proportion of owner-occupied units built prior to 1940
1940 年よりも前に建てられた家屋の割合

8 : DIS   weighted distances to five Boston employment centres
5 つあるボストン雇用センターまでの加重距離

9 : RAD   index of accessibility to radial highways

---

3)　load_boston( ) 関数でデータを読み込む.
4)　「データサイエンス応用基礎」の 10.3 節, 例 10.3.2 も参照.

幹線道路へのアクセス指数

10 : TAX   full-value property-tax rate per \$10,000
   10,000 ドル当たりの固定資産税率

11 : PTRATIO pupil-teacher ratio by town
   教師当たりの生徒の数

12 : B $1000(B_k - 0.63)^2$ where B_k is the proportion of blacks by town
   アフリカ系アメリカ人居住者の割合 B_k に関する指数

13 : LSTAT lower status of the population
   低所得者人口の割合

14 : MEDV Median value of owner-occupied homes in \$1000's
   所有者居住住宅価格の中央値 (単位は\$1,000)

からなる 506 個のデータが収録されている. 14：住宅価格 (MEDV) を他の 13
個の変数データから予測することとして, 住宅価格を目的変数, その他の項目を
説明変数とする回帰式

$$y = a_1 x_1 + a_2 x_2 + \cdots + a_{13} x_{13} + b \qquad (3.2.1)$$

を仮定する. 単回帰分析では説明変数が 1 つであったのに対して, このように
説明変数が複数ある回帰分析を**重回帰分析**とよぶ. 重回帰分析における学習は,
単回帰分析のときと同様に目的変数の実値と予測値の誤差を最小にするように,
パラメータ $a_1, a_2, \cdots, a_{13}, b$ を選ぶことである.

　このデータセットを訓練データとテストデータに分割する. **ソースコード 3.2**
は訓練データから回帰直線を求め, テストデータを用いて回帰直線の予測性能
を評価するプログラムである.

ソースコード 3.2　ボストン住宅価格データの重回帰分析

```
1  import numpy as np
2  import pandas as pd
3  import matplotlib.pyplot as plt
4  from sklearn.linear_model import LinearRegression
5  from sklearn.datasets import load_boston
6  from sklearn.model_selection import train_test_split
7
8  #データの読み込み
9  dataset = load_boston()
```

```
10  x, y = dataset.data, dataset.target
11  labels = dataset.feature_names
12
13  #回帰分析
14  x_train, x_test, y_train, y_test = train_test_split(x, y,
        test_size=0.2)
15  lr = LinearRegression()
16  lr.fit(x_train, y_train)
17
18  #回帰直線のパラメータ可視化
19  print('slope = ', lr.coef_)
20  print('intercept = ', lr.intercept_)
21  plt.bar(x=labels, height=lr.coef_)
22  plt.show()
23
24  #回帰直線の可視化
25  y_pred = lr.predict(x_test)
26  plt.scatter(y_test, y_pred, s=50, color="green", edgecolor="black"
        , alpha = 0.4)
27  diag_x = (0, 50)
28  diag_y = (0, 50)
29  plt.plot(diag_x, diag_y, color="red")
30  plt.show()
```

第1行～第6行で必要なモジュールを取り込む.

```
1  import numpy as np
2  import pandas as pd
3  import matplotlib.pyplot as plt
4  from sklearn.linear_model import LinearRegression
5  from sklearn.datasets import load_boston
6  from sklearn.model_selection import train_test_split
```

第5行の "load_boston" はボストン住宅価格データを読み込むモジュール,
第6行の "train_test_split" はデータセットを訓練データとテストデータに
分割するモジュールである.

　第 9 行〜第 11 行でボストン住宅価格データを読み込み, 訓練データとテスト
データに分割する.

```
9   dataset = load_boston()
10  x, y = dataset.data, dataset.target
11  labels = dataset.feature_names
```

　第 9 行の "load_boston" で, 住宅価格とその他 13 項目の数値データを変数
"dataset" に格納する. 第 10 行で, 変数 "dataset" に説明変数 "data" と目
的変数 "target" を保存し, それぞれの数値データを変数 x と y として取り出
せるようにする. 第 11 行では, 説明変数の項目名称を "labels" として取得し
ている.

　第 14 行〜第 16 行で訓練データから回帰直線を学習する.

```
14  x_train, x_test, y_train, y_test = train_test_split(x, y,
        test_size=0.2)
15  lr = LinearRegression()
16  lr.fit(x_train, y_train)
```

　第 14 行の "train_test_split" で, ボストン住宅データを訓練データとテ
ストデータに分割する. x_train は訓練データの説明変数データ, x_test はテ
ストデータの説明変数データ, y_train は訓練データの目的変数データ, y_test
はテストデータの目的変数データである. ここでは訓練データとテストデータの
データ数の割合を 80 ％, 20 ％ に設定している. 第 15 行で線形回帰モデル "lr"
を作成し, 第 16 行で訓練データ (x_train, y_train) を "fit" に渡して線形
回帰モデルを学習する.

　第 19 行〜第 22 行で, 求めた回帰直線のパラメータを出力する.

```
19  print('slope = ', lr.coef_)
20  print('intercept = ', lr.intercept_)
21  plt.bar(x=labels, height=lr.coef_)
22  plt.show()
```

　線形回帰モデルのメンバー変数 "coef_" は回帰直線の傾き $a_1, a_2, \cdots, a_{13}$ で，メンバー変数 "intercept_" は回帰直線の切片 b を表す．求めた数値 (出力) は

```
slope = [-1.26045929e-01  5.07571810e-02  7.80532192e-03  2.75354155e+00
 -1.96507853e+01  3.48007707e+00 -6.86800553e-03 -1.60106803e+00
  3.13720697e-01 -1.14682340e-02 -9.61074436e-01  6.66121859e-03
 -5.06776130e-01]
intercept = 41.28966042827585
```

である．

　この数値だけでは説明変数の各要因が住宅価格にどのように影響を与えるのかを把握するのは難しいので，第 21 行～第 22 行で横軸に各要因のラベル，縦軸に傾きを表すパラメータの大きさをとったヒストグラムを作成する．パラメータ a_i は，第 i 番目の要因が 1 増加したときに住宅価格がどれだけ変動するかを示している．

　図 3.2 から，窒素酸化物の濃度 (NOX) が上がると住宅価格が下がり，チャールズ川沿い (CHAS) にあり部屋数 (RM) が多い住宅は価格が上がる傾向があることが確認できる．

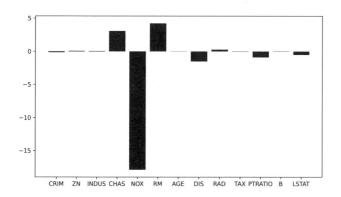

図 3.2　住宅価格への影響度

第 25 行〜第 30 行で，線形回帰モデルによる住宅価格の予測値と実値の比較を行う．

```
25  y_pred = lr.predict(x_test)
26  plt.scatter(y_test, y_pred, s=50, color="green", edgecolor="black"
        , alpha = 0.4)
27  diag_x = (0, 50)
28  diag_y = (0, 50)
29  plt.plot(diag_x, diag_y, color="red")
30  plt.show()
```

ここでは線形回帰モデルの "predict" で，テストデータに対する目的変数の予測値 "y_pred" を計算する．第 26 行で横軸にテストデータの目的変数の実値 "y_test"，縦軸に目的変数の予測値 "y_pred" とする散布図を作成する．第 27 行〜第 29 行では目的変数の実値と予測値が同じになる直線を散布図に重ねる．散布図の各マーカーがこの直線上にあれば線形回帰モデルの予測性能が高いことがわかる．

図 3.3 で，訓練データを学習した線形回帰モデルによる住宅価格を予測する．

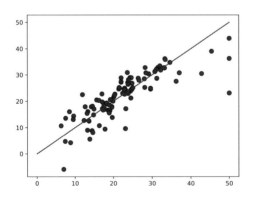

図 3.3　住宅価格の予測結果

3.3 多項式回帰分析

図 3.4 の上図のように，説明変数と目的変数の関係が複雑なデータセットが与えられている場合には，説明変数と目的変数の関係を直線 $(y = ax + b)$ として表すことには限界があるので，この関係を曲線として表すことにする．曲線を表す式の形は無数にあるが，目的変数を説明変数の多項式で表現することを考え，これを**多項式回帰分析**とよぶ[5]．

$y = ax + b$ は説明変数の 1 次式であり，次数を 1 つ上げた 2 次の多項式 $y = a_0 + a_1x + a_2x^2$ は曲線を表すことができる．しかし**図 3.4** [B] に示すように，2 次多項式の放物線ではデータセットにあまり合致しない．一方，次数を上げた 3 次の多項式 $y = a_0 + a_1x + a_2x^2 + a_3x^3$ は，**図 3.4** [C] のようにデータセットの傾向を適切に捉えている．ところがさらに次数を上げて 4 次の多項式 $y = a_0 + a_1x + a_2x^2 + a_3x^3 + a_4x^4$ にすると，**図 3.4** [D] のようにデータセットに当てはまらなくなる．

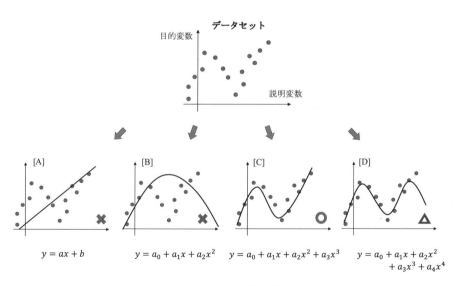

図 3.4 多項式回帰分析

---

5) 「データサイエンス応用基礎」の 10.1 節も参照．

ここで, 多項式回帰分析と線形回帰分析の関係を復習しておく[6]. まず, 1 次の単回帰式 $y = ax + b$ は

$$y = (b, a) \begin{pmatrix} 1 \\ x \end{pmatrix} = \boldsymbol{w}^T \boldsymbol{z} \tag{3.3.1}$$

のように, 2 つのベクトル

$$\boldsymbol{w} = (b, a)^T, \quad \boldsymbol{z} = (1, x)^T \quad (^T \text{はベクトルの転置})$$

の内積として表すことができる. 同様に 2 次の多項式 $y = a_0 + a_1 x + a_2 x^2$ は

$$y = (a_0, a_1, a_2) \begin{pmatrix} 1 \\ x \\ x^2 \end{pmatrix} = \boldsymbol{w}^T \boldsymbol{z}, \tag{3.3.2}$$

$$\text{ただし, } \boldsymbol{w} = (a_0, a_1, a_2)^T, \ \boldsymbol{z} = (1, x, x^2)^T \tag{3.3.3}$$

のように 3 次元ベクトルの内積として, 3 次の多項式 $y = a_0 + a_1 x + a_2 x^2 + a_3 x^3$ は

$$y = (a_0, a_1, a_2, a_3) \begin{pmatrix} 1 \\ x \\ x^2 \\ x^3 \end{pmatrix} = \boldsymbol{w}^T \boldsymbol{z}, \tag{3.3.4}$$

$$\text{ただし, } \boldsymbol{w} = (a_0, a_1, a_2, a_3)^T, \ \boldsymbol{z} = (1, x, x^2, x^3)^T \tag{3.3.5}$$

のように 4 次元ベクトルの内積として表すことができる. いずれも

$$y = \boldsymbol{w}^T \boldsymbol{z}$$

の形であり, $y = ax$ のように多項式回帰も線形式として表現することができるので, 多項式回帰分析の問題は線形回帰分析の問題に帰着することができる.

ソースコード 3.3 では, 真のモデル

$$y = \cos x + \sin 6x \tag{3.3.6}$$

がわかっているとして, このモデルから 10 個のデータを生成し, 生成したデータを訓練データとして用いて真のモデルを 2 次の多項式回帰によって予測する.

---

6) 「データサイエンス応用基礎」の第 5 章を参照.

ソースコード 3.3 多項式回帰分析

```
1  import numpy as np
2  import matplotlib.pyplot as plt
3  from sklearn.linear_model import LinearRegression
4  from sklearn.preprocessing import PolynomialFeatures
5
6  #真のモデルの数式を定義
7  def true_func(x):
8      return np.cos(x) + np.sin(6*x)
9
10 #訓練データセットの生成および真のモデルの可視化
11 x_train = np.random.rand(10)
12 y_train = true_func(x_train) + 0.1*np.random.rand(10)
13
14 #真のモデルを描画
15 x = np.linspace(0, 1, 100)
16 plt.plot(x, true_func(x), color="red")
17 plt.scatter(x_train, y_train, marker="o", color="red", edgecolor="
       black")
18 plt.xlabel("x")
19 plt.ylabel("y")
20 plt.ylim(-3, 3)
21 plt.show()
22
23 #多項式回帰の学習
24 n_degree=2
25 poly = PolynomialFeatures(n_degree)
26 x_train_poly = poly.fit_transform(x_train.reshape(-1, 1))
27 pr = LinearRegression()
28 pr.fit(x_train_poly, y_train)
29
30 #多項式回帰モデルの評価
31 x_test = np.linspace(0,1,10)
32 x_test_poly = poly.fit_transform(x_test.reshape(-1, 1))
33 mse = sum((true_func(x_test) - pr.predict(x_test_poly))**2) / len(
       x_test)
34
35 #多項式回帰モデルの可視化
36 x_poly = poly.fit_transform(x.reshape(-1, 1))
```

```
37  plt.scatter(x_train, y_train, marker="o", color="red", edgecolor="
       black", label="Training data")
38  plt.scatter(x_test, true_func(x_test), marker="s", color="green",
       edgecolor="black", label="Test data")
39  plt.plot(x, true_func(x), color="red", label="Ground truth")
40  plt.plot(x, pr.predict(x_poly), color="blue", label="Regression")
41  plt.xlabel("x")
42  plt.ylabel("y")
43  plt.ylim(-3, 3)
44  plt.legend()
45  plt.show()
```

第 1 行〜第 4 行で必要なモジュールを取り込む. 第 4 行の "Polynomial Features" は, 多項式を線形表現に変形するモジュールである.

第 7 行〜第 8 行で真のモデル式を定義する.

```
7  def true_func(x):
8      return np.cos(x) + np.sin(6*x)
```

一般にプログラミングでは, 複数回実行するような処理をまとめて「**関数**」として表す. Python では関数を

$$\text{“def 関数名 (引数…)”}$$

として定義する. ここでは入力 x を受け取って $\cos x + \sin 6x$ を計算し, その結果を戻り値として返す関数を定義している.

第 11 行〜第 12 行で真のモデル式から訓練データを生成する.

```
11  x_train = np.random.rand(10)
12  y_train = true_func(x_train) + 0.1*np.random.rand(10)
```

第 11 行では "rand" で 0 以上 1 未満の 10 個の乱数を生成し, 変数 "x_train" に配列として格納する. 第 12 行で真のモデルを表す関数に "x_train" を入力し, その計算結果にノイズを加えたものを変数 "y_train" に格納する. 以上によって訓練データを作成する.

第 15 行〜第 21 行で真のモデルと訓練データを可視化する.

```
15  x = np.linspace(0, 1, 100)
16  plt.plot(x, true_func(x), color="red")
17  plt.scatter(x_train, y_train, marker="o", color="red", edgecolor="
        black")
18  plt.xlabel("x")
19  plt.ylabel("y")
20  plt.ylim(-3, 3)
21  plt.show()
```

第 15 行では 0 〜 1 の範囲を等間隔に分割し, 100 個のデータを作成する. 第 16 行で作成したデータを真のモデルの関数に代入し, 真のモデルの折れ線グラフを作成する. 第 17 行で 100 個の訓練データ (●) の散布図を作成する. 第 18 行〜第 21 行で横軸に x, 縦軸に y のラベルを付け, 縦軸の範囲を -3 〜 $+3$ に設定し, 折れ線グラフと散布図を一つの図として描く.

図 3.5 はそのグラフである.

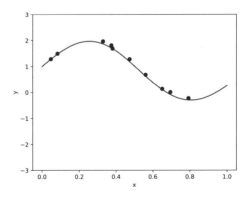

図 3.5 真のモデルと訓練データ

第 24 行～第 28 行で多項式回帰の学習を行う.

```
24  n_degree=2
25  poly = PolynomialFeatures(n_degree)
26  x_train_poly = poly.fit_transform(x_train.reshape(-1, 1))
27  pr = LinearRegression()
28  pr.fit(x_train_poly, y_train)
```

第 24 行で多項式の次数 (n_degree) を 2 に設定し, 第 25 行でべき乗を成分とする特徴量 (次数が 2 の場合では $[1, x, x^2]$) を作成するためのクラス "Polynominal Features" の実体である "poly" を作成する. 第 26 行で "Polynominal Features" の "fit_transform" を用い, 訓練データの変数 "x_train" からベクトルの特徴量を求める. 第 27 行～第 28 行では線形回帰分析モデル "pr" の "fit" を用い, 求められた特徴ベクトルと目的変数の数値データを学習して多項式回帰モデルを導く.

第 31 行～第 33 行では, 導びかれた多項式回帰モデルを定量評価する.

```
31  x_test = np.linspace(0,1,10)
32  x_test_poly = poly.fit_transform(x_test.reshape(-1, 1))
33  mse = sum((true_func(x_test) - pr.predict(x_test_poly))**2) / len(
        x_test)
```

第 31 行では 0 から 1 を 10 分割し, 訓練データとは別に評価用のテストデータを変数 "x_test" に格納する. 第 32 行で各データを先述と同様に特徴ベクトルに変換する. 第 33 行は, 真のモデルによって求められる正解の数値 "true_func(x_test)" と多項式回帰モデルによって求められる予測値 "pr.predict(x_test_poly)" の平均二乗誤差の計算である.

第 36 行～第 45 行では, 訓練データ (●) とテストデータ (■) の散布図, 真のモデルと多項式回帰モデルの折れ線グラフを描く (図 3.6).

　すると**図3.6**の上段(中図)に示すように, 赤線(実線: Ground truth)で表される真のモデルと青線(破線: Regression)で表される多項式回帰モデルには大きな乖離がある. そこで, 多項式の次数を3にした多項式回帰モデルの計算をする.

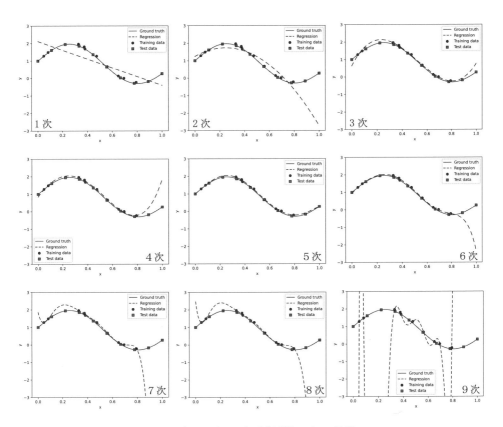

図3.6 真のモデルと多項式回帰モデルの比較

　そのために, ソースコード3.3の第24行を

24　`n_degree=3`

に変更する.

これにより, **図 3.6** の上段 (右図) に示すように, 学習によって求められた多項式回帰モデルが真のモデルに良く合致していることが確認できる.

さらに, 多項式回帰モデルの次数を 4, 5, … , 9 と変更したときの回帰モデルの予測性能が**図 3.6** の中段・下段である. 5 次の多項式回帰モデルが真のモデルに最も一致していることが確認できる. 次数を 6 以上に増やすと訓練データには合うが, テストデータや真のモデルの曲線からの隔たりが大きくなる. 表 3.1 は, 多項式の次数と平均二乗誤差の関係を示す定量評価である.

表 3.1 多項式回帰モデルの次数と
平均二乗誤差

次数	平均二乗誤差
1	0.2721
2	1.1051
3	0.0475
4	0.2780
5	0.00347
6	0.70098
7	207.942
8	31.5005
9	8988620.5

この例のように, 次数を上げると多項式のパラメータが増えて式の表現力は増すが, 訓練データに合わせ過ぎるため訓練データ以外の部分で真値から大きく離れる問題が生じる. これを**過学習** (overfitting) とよぶ.

練習問題 3

糖尿病患者 442 名の基礎項目 (年齢, 性別, BMI, 血圧および 6 つの血液検査項目) と 1 年後の進行状況に関するデータセット (diabetes データセット[7]) を用いて, 以下の各問いに答えよ.

問 3.1

BMI の数値を説明変数, 1 年後の進行状況を目的変数とする線形単回帰直線を求めるプログラムを作成せよ.

問 3.2

BMI と 1 年後の進行状況の散布図, および問 3.1 で求めた回帰直線を可視化するプログラムを作成せよ.

問 3.3

すべての基礎項目のデータを説明変数, 1 年後の進行状況を目的変数とする線形重回帰直線を求めるプログラムを作成せよ.

問 3.4

問 3.3 で求めた重回帰直線において, 1 年後の進行状況に対する各基礎項目の影響度を可視化するプログラムを作成せよ.

---

7) load_diabetes( ) 関数でデータを読み込む.

4

Pythonを用いたデータの分類・識別

　前章では，入力データから連続値の数値を予測する問題を，回帰分析を用いて解いた．例えば，直近の株価や企業の財務諸表値の入力データから，回帰関数を用いて翌日の株価を予測する場合，出力される株価は連続値である．一方，直近の株価や企業の財務諸表値を入力データとして使用する点は同じであっても，図 4.1 のように「株を買う」「株を売る」「株を売買しない」の意思決定をする問題では，「買う」「売る」「売買しない」の離散値を出力しなければならない．このように，入力データを非連続な離散値に割り振る問題が**分類・識別問題**である．入力データが分類される先のカテゴリーやグループを**クラス**とよび，「買う」を 1 番，「売る」を 2 番，「売買しない」を 3 番など，入力データからクラスの番号を出力する計算機械を**識別器**とよぶ．本章では，代表的な識別器である k-近傍法，決定木，ランダムフォレスト，サポートベクターマシンを Python で実装する手順を述べる．

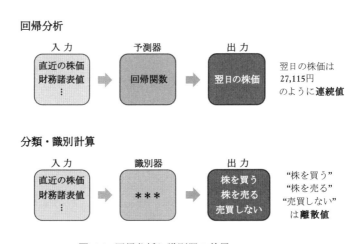

図 4.1　回帰分析と識別器の差異

89

4.1 k-近傍法

　入力と，それらが分類される先のクラスである正解ラベルが付与されている
訓練データが与えられているとき，正解ラベルが付与されていないテストデー
タの分類先を求める問題を考える．そのために，テストデータとして入力された
データと，訓練データ中の各入力データとがどの程度近いかを示す類似度を計
算する．

　類似度 (similarity) は 2 つのデータの近さを表す指標である．これらのデー
タをベクトルで表し，その間のユークリッド距離の逆数などが指標として広く利
用されている．k-近傍法では，あらかじめ各クラスにラベル付けした訓練データ
を用意する．次に k を定め，テストデータに対して類似度が大きい k 個のデー
タを，訓練データセットから選択する．選択したデータに付与されているクラス
数を集計し，その数が最も大きいものにテストデータをクラス分けする．

　図 4.2 では，クラス A のデータ群 (●)，クラス B のデータ群 (▲)，クラス C
のデータ群 (■) が訓練データである．クラスが未知のテストデータ (★) を A,
B, C のいずれかに分類するために，選び出すデータ数 k を指定する．ここでは
$k = 5$ として，テストデータと訓練データ中の各データとの距離を計算して，距
離が小さいデータを 5 個選び出す．選び出したデータの内訳をみると，クラス
A のデータが 1 個，クラス B のデータが 0 個，クラス C のデータが 4 個である．
クラス A, B, C の得票数が 1 票，0 票，4 票であるので，テストデータを，最多得
票数を得たクラス C に分類する．

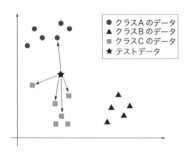

k ＝ 5 の場合
類似している 5 個のデータを選択。
この中に
　クラス A が付与されているデータの数：1 個
　クラス B が付与されているデータの数：0 個
　クラス C が付与されているデータの数：4 個

したがって，テストデータ ★ をクラス C として
識別する。

図 4.2 k-近傍法

このように，訓練データ中の各データとの距離を計算して距離が小さいデータを選定し，各グループの得票数を数え上げて入力データの分類先を求める手順が **k-近傍法** (*k*-NN : *k*-Nearest Neighbor algorithm) である.

4.1.1 A/B テスト

表 4.1 は，2 つの商品 (A, B) のどちらを選ぶかというアンケートに回答した 10 人の顧客の年齢と，選んだ商品のデータである．このデータを用いて「20 歳の顧客」が商品 A, B のどちらを選ぶかを予測するため，20 歳の顧客とアンケートに回答した顧客の類似度を年齢差として計算する．表 4.2 で，年齢差が小さい 2 番，8 番，9 番の顧客 3 人選び出すと，全員が商品 A を選ぶと回答している．商品 A の得票数が 3，商品 B の得票数が 0 であるので，この 20 歳の顧客は，得票数が多い商品 A を選ぶであろうと予測する.

表 4.1 好きな商品のアンケートデータ

番号	年齢	商品
1	11	A
2	23	A
3	24	A
4	12	B
5	15	A
6	33	B
7	37	B
8	17	A
9	21	A
10	31	B

表 4.2 好きな商品のアンケート回答と 20 歳顧客との距離

番号	年齢	商品	距 離
1	11	A	$20 - 11 = 9$
2	23	A	3
3	24	A	4
4	12	B	8
5	15	A	5
6	33	B	13
7	37	B	17
8	17	A	3
9	21	A	1
10	31	B	11

ソースコード 4.1 はこの計算を Python を用いて行うときのプログラムで，第 1 行〜第 2 行で必要なモジュールを取り込む．"KNeighborsClassifier" を用いて *k*-近傍法によるデータの分類を行う.

ソースコード 4.1 k-近傍法

```
1  from sklearn.neighbors import KNeighborsClassifier
2  import numpy as np
3
4  #訓練データ
5  data =np.array( [ [11], [23], [24], [12], [15], [33], [37], [17],
       [21], [31] ] )
6  labels = np.array( ['A','A','A','B','A','B','B','A','A','B'])
7
8  #k-NN にデータをセットする
9  knn = KNeighborsClassifier(n_neighbors=3)
10 knn.fit(data, labels)
11
12 #予測・識別
13 x=[[20]]
14 print(knn.predict(x))
```

第 5 行〜第 6 行でアンケートデータを入力する.

```
5  data =np.array( [ [11], [23], [24], [12], [15], [33], [37], [17],
       [21], [31] ] )
6  labels = np.array( ['A','A','A','B','A','B','B','A','A','B'])
```

第 5 行はアンケートに回答した顧客の年齢を配列 “data” に入力し,第 6 行で選んだ商品を配列 “labels” に入力する.

第 9 行〜第 10 行で k-近傍法の準備を行う.

```
9  knn = KNeighborsClassifier(n_neighbors=3)
10 knn.fit(data, labels)
```

第 9 行で k-近傍法モデル “knn” を作成する.ここでは “n_neighbors=3” によって,選択する類似データの数を 3 に設定している.第 10 行でアンケートの回答者の年齢と選んだ商品を k-近傍法モデルに入力し,k-近傍法の計算が実行できるようにする.

第 13 行〜第 14 行で,「20 歳の顧客」が商品 A, B のどちらを選ぶかを予測する.

```
13  x=[[20]]
14  print(knn.predict(x))
```

第 13 行で年齢 20 を入力データ "x" として設定する. 第 14 行で入力データ "x" を *k*-近傍法モデルの "predict" に与える. その結果として出力された商品 A を表示する.

次に, 表 4.3 には, 上記アンケートデータ (表 4.1) に, 回答者の「所持金」の属性を追加した.

表 4.3 年齢・所持金と好きな商品に関する
アンケートデータ

番号	年齢	所持金 (千円)	商品
1	11	1	A
2	23	10	A
3	24	9	A
4	12	2	B
5	15	3	A
6	33	30	B
7	37	40	B
8	17	5	A
9	21	12	A
10	31	50	B

このデータを用いて,「20 歳, 所持金 8 千円」の顧客が商品 A, B のどちらを選ぶかを予測する. **ソースコード 4.2** がその改良プログラムである.

ソースコード 4.2 *k*-近傍法と可視化

```
1  from sklearn.neighbors import KNeighborsClassifier
2  import numpy as np
3  import matplotlib.pyplot as plt
4
```

```
5   #訓練データ
6   data =np.array( [ [11,1], [23,10], [24,9], [12,2], [15,3],
        [33,30], [37,40], [17,5], [21,12], [31,50] ] )
7   labels = np.array( ['A','A','A','B','A','B','B','A','A','B'])
8
9   #k-NN にデータをセットする
10  knn = KNeighborsClassifier(n_neighbors=3)
11  knn.fit(data, labels)
12
13  #予測・識別
14  x=np.array([20, 8])
15  y=np.array(knn.predict([x]))
16  plt.scatter(data[labels=='A',0],data[labels=='A',1], s=100, color=
        "red", edgecolor="black" ,alpha=0.1)
17  plt.scatter(data[labels=='B',0],data[labels=='B',1], s=100, color=
        "green", edgecolor="black",alpha=0.1 )
18  if y=='A':
19      plt.scatter(x[0], x[1], s=150, color="red", edgecolor="black",
            marker='*')
20  else:
21      plt.scatter(x[0], x[1], s=150, color="green", edgecolor="black
            ", marker='*')
22  plt.xlabel("age")
23  plt.ylabel("allowance")
24  plt.show()
```

　ソースコード 4.1 と異なり，第 3 行でデータ可視化モジュール "pyplot" を
取り込み，第 6 行で年齢に加えて所持金を配列 "data" に設定する．

　第 14 行〜第 24 行で，アンケートデータの可視化と，「20 歳，所持金 8 千円」
の顧客が選ぶ商品の予測を行う．

```
14  x=np.array([20, 8])
15  y=np.array(knn.predict([x]))
16  plt.scatter(data[labels=='A',0],data[labels=='A',1], s=100, color=
        "red", edgecolor="black" ,alpha=0.1)
```

```
17  plt.scatter(data[labels=='B',0],data[labels=='B',1], s=100, color=
        "green", edgecolor="black",alpha=0.1 )
18  if y=='A':
19      plt.scatter(x[0], x[1], s=150, color="red", edgecolor="black",
            marker='*')
20  else:
21      plt.scatter(x[0], x[1], s=150, color="green", edgecolor="black
            ", marker='*')
22  plt.xlabel("age")
23  plt.ylabel("allowance")
24  plt.show()
```

　第14行で，テストデータに (20歳, 8千円) を設定する．第15行で *k*-近傍法を用いて選ぶ商品の予測を行い，その計算結果を変数 “y” に代入する．第16行〜第17行では横軸に年齢 (age)，縦軸に所持金 (allowance) をとり，商品 A を選ぶ顧客データを赤 (●) の，商品 B を選ぶ顧客データを緑 (◎) の丸印として，アンケート結果の散布図を描く．第18行〜第21行でテストデータの分類先が商品 A の場合は赤の星印 (★)，商品 B の場合は緑の星印 (☆) とし，アンケート結果の散布図に重ねて描く．

　図 4.3 はその結果である．テストデータ (20歳, 8千円) を商品 A に分類し，その近傍に商品 A を選ぶ顧客データが数多く配置されている．

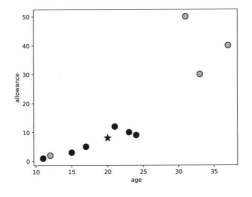

図 4.3　年齢と所持金のアンケートデータおよび予測結果の散布図

4.1.2　交差検定

「あやめ」の花の形状と種類に関する 150 件のデータセット (Iris データセット) が公開されている[1]. **図 4.4** は花びらの「がくの長さ」「がくの幅」「花弁の長さ」「花弁の幅」という 4 つの特徴量で, **図 4.5** はアヤメの種類のラベル (0: setosa, 1: versicolor, 2: virginica) である.

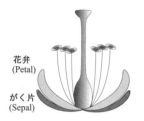

図 4.4　花のつくり

setosa　　　　　　　　　versicolor　　　　　　　　virginica

図 4.5　あやめの種類[1]

図 4.6 のように, データセットを訓練データとテストデータに分割する. k-近傍法を用い, テストデータにはラベルが付与されていないものとして, テストデータの特徴量からアヤメの種類を予測する. 一般に, データセットを訓練データとテストデータに分け, 訓練データを学習したモデルの汎化性能をテストデータを用いて検証することを**交差検定** (cross validation) とよぶ[2].

---

1)　https://www.datacamp.com/community/tutorials/machine-learning-in-r 写真も同ホームページから引用.
2)　「データサイエンス応用基礎」の 11 章, 例 11.1.2 も参照.

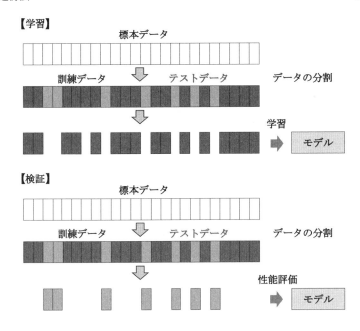

図 4.6 交 差 検 定

ソースコード 4.3 は, アヤメの種類を *k*-近傍法を用いて予測するときの, 交差検定のプログラムである.

ソースコード 4.3 Iris データセットを用いた *k*-近傍法の交差検定

```
1   from sklearn import datasets
2   from sklearn.model_selection import StratifiedShuffleSplit,
        cross_val_score
3   from sklearn.neighbors import KNeighborsClassifier
4   import numpy as np
5   import matplotlib.pyplot as plt
6
7   #Iris データセットの読み込み
8   iris = datasets.load_iris()
9   x = iris.data
10  y = iris.target
11
```

```
12  #k-NN の構築と交差検定の準備
13  knn = KNeighborsClassifier(n_neighbors=3)
14  cv = StratifiedShuffleSplit(n_splits=10,test_size=0.25)
15
16  #交差検定の実行
17  accuracies = cross_val_score(knn, x,y,cv=cv, scoring='accuracy')
18  print('accuracy scores in cross validation :{}'.format(accuracies
        ))
19  print('mean accuracy score in cross validation :{}'.format(
        accuracies.mean()))
```

　第1行～第5行で必要なモジュールを取り込む．"StratifiedShuffleSplit"
で訓練データとテストデータの分類が偏らないようにし，"cross_val_score"
で交差検定を実行する．

　第8行～第10行で Iris データセットの読み込みを行う．

```
8   iris = datasets.load_iris()
9   x = iris.data
10  y = iris.target
```

　第8行の "load_iris()" により，花びらの「がくの長さ」「がくの幅」「花
弁の長さ」「花弁の幅」の特徴量とアヤメの種類の番号データを読み込み，変数
"iris" に代入する．第9行目で，変数 "iris" に保持されているデータのなか
から特徴量データを取り出して，変数 "x" に代入する．また第10行目で，変数
"iris" からアヤメの種類の番号を取り出して変数 "y" に代入する．

　第13行～第14行で，k-近傍法や交差検定を実行する対象を作成する．

```
13  knn = KNeighborsClassifier(n_neighbors=3)
14  cv = StratifiedShuffleSplit(n_splits=10,test_size=0.25)
```

　第13行では，選び出す類似データの個数を3として k-近傍法モデルを作成す
る．第14行で交差検定を行うためのモデルを作成する．"n_splits" で交差検
定の回数，"test_size" で訓練データとテストデータに分割するときのテスト
データの割合を指定する．

第 17 行〜第 19 行で交差検定の計算を実行する.

```
17  accuracies = cross_val_score(knn, x,y,cv=cv, scoring='accuracy')
18  print('accuracy scores in cross validation :{}'.format(accuracies
        ))
19  print('mean accuracy score in cross validation :{}'.format(
        accuracies.mean()))
```

　第 17 行では "cross_val_score" に, 先に作成した *k*-近傍法モデル (knn), 入力データ (x), 出力データ (y), 交差検定の仕様 (cv), および評価指標 "accuracy" を与え, 交差検定の計算を実行する. accuracy は正答率で, 全テストデータに対して正しく分類されたテストデータの割合を表す. ここでは交差検定を 10 回行い, 各検定における正答率が配列 "accuracies" に格納される. 第 18 行で各検定での正答率を表示し, 第 19 行で検定の平均正答率を表示する. 今回は各検定の正答率が

$$0.92105263$$
$$0.89473684$$
$$0.97368421$$
$$0.97368421$$
$$1.00000000$$
$$1.00000000$$
$$0.89473684$$
$$0.97368421$$
$$0.94736842$$
$$0.97368421$$

であり, 平均正答率は 0.9552 であったが, 実際は計算を実行するたびにデータセットを分割して得られる訓練データとテストデータが異なるため, 各検定での正答率や平均正答率は変化する.

$$\ast \quad \ast \quad \ast \quad \ast \quad \ast$$

　これまでの計算では, *k*-近傍法において, 選び出す類似データ数 *k* があらかじめ決められていた. これに対し, **ソースコード** 4.4 はこの *k* を変えて識別性能がどのように変化するかを調べ, 最適な変数 *k* の値 (最適な識別器) を求めるプログラムである.

ソースコード 4.4 k-近傍法における選び出す類似データ数の最適値探索

```
1  from sklearn import datasets
2  from sklearn.model_selection import StratifiedShuffleSplit,
       cross_val_score
3  from sklearn.neighbors import KNeighborsClassifier
4  import numpy as np
5  import matplotlib.pyplot as plt
6
7  #Iris データセットの読み込み
8  iris = datasets.load_iris()
9  x = iris.data
10 y = iris.target
11
12 #交差検定の準備
13 cv = StratifiedShuffleSplit(n_splits=10,test_size=0.25) #25%のデー
       タをテストデータにする
14
15 #選び出す類似データ数を変えて，正答率を計算
16 k_range = range(1,31)
17 k_scores = []
18
19 for k in k_range:
20     knn = KNeighborsClassifier(n_neighbors=k)
21     scores = cross_val_score(knn, x, y, cv=cv, scoring='accuracy')
22     k_scores.append(scores.mean())
23
24 #計算結果の可視化と最適数の決定
25 plt.plot(k_range, k_scores, 'bo',linestyle='dashed',linewidth=2,
       markersize=10)
26 plt.show()
27 print(np.argmax(k_scores))
```

第 1 行〜第 10 行はソースコード 4.3 と同じで，第 14 行目が第 13 行に対応，第 16 行〜第 17 行で選び出す類似データ数の探索範囲を指定する．

```
16  k_range = range(1,31)
17  k_scores = []
```

第 16 行で, *k*-近傍法で選び出す類似データ数のリスト "k_range =1,2,···, 30" を作成し, 第 17 行の "k_scores" で, 各データ数に対して *k*-近傍法でアヤメの種類を識別する場合の正答率を格納する空の配列を作成する.

第 19 行～第 22 行で, 選び出す類似データ数を 1 つの数値に指定したときの識別性能を求める.

```
19  for k in k_range:
20      knn = KNeighborsClassifier(n_neighbors=k)
21      scores = cross_val_score(knn, x, y, cv=cv, scoring='accuracy')
22      k_scores.append(scores.mean())
```

第 19 行では, リストに格納した数字から 1 つずつ値を取り出して, 選び出す類似データ数を "k" に設定する. 第 20 行で, この数値を選び出す類似データ数とした *k*-近傍法モデルを作成する. 第 21 行で作成した *k*-近傍法モデルを用いて交差検定を行い, 各検定試行における正答率を "scores" に格納する. 第 22 行で平均正答率を計算し, 作成ずみの配列 "k_scores" に追加する.

第 25 行～第 27 行で選び出す類似データ数と正答率の関係を可視化し, 最適な選び出す類似データ数を求める.

```
25  plt.plot(k_range, k_scores, 'bo',linestyle='dashed',linewidth=2,
        markersize=10)
26  plt.show()
27  print(np.argmax(k_scores))
```

第 25 行～第 26 行では, 横軸にデータ数, 縦軸に平均正答率をとり, 各データ数で指定した *k*-近傍法の平均正答率を**図 4.7** の折れ線グラフとして描き, 第 27 行で平均正答率が最大値となるときの選び出す類似データ数を抽出する. 今回の計算では最適なデータ数は 10 であった.

このように, *k*-近傍法の *k* をパラメータとして, *k* を変えながら交差検定を通じて正答率が最大となる最適値を探索することで, 識別性能が最も良い *k*-近傍法モデルを設計する.

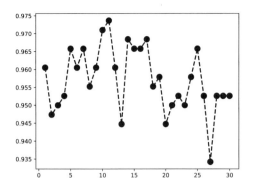

図 4.7　選び出す類似データ数 k と k-近傍法の平均正答率の関係

＊　＊　＊　＊　＊

次に, **ソースコード** 4.5 は, 選び出す類似データ数 (k) を 10 に設定し, 各テスト データを k-近傍法で分類した結果と, データに付与された正解ラベルを比較 するプログラムである.

ソースコード 4.5　k-近傍法における分類

```
1  from sklearn import datasets
2  from sklearn.model_selection import train_test_split
3  from sklearn.neighbors import KNeighborsClassifier
4  import numpy as np
5  import matplotlib.pyplot as plt
6
7  #Iris データセットの読み込み
8  iris = datasets.load_iris()
9  x = iris.data
10 y = iris.target
11
12 #訓練データとテストデータの分割, k-近傍法モデルの構築
13 x_train, x_test, y_train, y_test = train_test_split(x,y,test_size
       =0.25)
14 knn = KNeighborsClassifier(n_neighbors=10)
15 knn.fit(x_train,y_train)
16 y_predict = knn.predict(x_test)
17
```

```
18  #分類結果と正答値の比較を可視化
19  id=np.array(range(0,len(y_test)))
20  plt.plot(id, y_test, 'ro',linestyle='dashed',linewidth=2,
        markersize=10, alpha=0.4, label="ground truth")
21  plt.plot(id, y_predict, 'bs',linestyle='dashed',linewidth=1,
        markersize=5, label="predict")
22  plt.legend(loc='upper right')
23  plt.show()
24
25  #標準出力に表示
26  print(y_test)
27  print(y_predict)
28  print(sum(y_predict == y_test) / len(y_test))
```

第 1 行〜第 10 行でモジュールの取り込みや Iris データセットの読み込みを行っている．ここで "train_test_split" は，訓練データとテストデータに分割するために使用する．

第 13 行〜第 16 行で，テストデータを *k*-近傍法で分類する．

```
13  x_train, x_test, y_train, y_test = train_test_split(x,y,test_size
        =0.25)
14  knn = KNeighborsClassifier(n_neighbors=10)
15  knn.fit(x_train,y_train)
16  y_predict = knn.predict(x_test)
```

第 13 行では，Iris データセットを訓練データとテストデータに分割する．テストデータの割合は 25 ％ に設定している．第 14 行で $k = 10$ とした *k*-近傍法モデルを作成する．第 15 行でそのモデルに訓練データを設定して，*k*-近傍法による分類計算を準備する．第 16 行では構築した *k*-近傍法モデルを用いて，テストデータの分類計算を実施する．アヤメの種類を表す番号を分類結果として，配列 "y_predict" に代入する．

第 19 行〜第 23 行でテストデータに付与された正解ラベルと分類結果の比較を可視化する．

```
19  id=np.array(range(0,len(y_test)))
20  plt.plot(id, y_test, 'ro',linestyle='dashed',linewidth=2,
         markersize=10, alpha=0.4, label="ground truth")
21  plt.plot(id, y_predict, 'bs',linestyle='dashed',linewidth=1,
         markersize=5, label="predict")
22  plt.legend(loc='upper right')
23  plt.show()
```

　第 19 行で, 各テストデータに付ける番号のリストを作成する. 第 20 行〜第
23 行では, 横軸にテストデータの番号, 縦軸にアヤメの種類をとり, テストデー
タに付与されている正解データを赤丸 (ground truth: ●), k-近傍法による分
類結果を青四角のマーカー (predict: -■-) として描き, 正解データと分類結果
の比較を可視化する. 図 4.8 では分類結果が正解データと完全に一致し, 適切
に分類されていることがわかる.

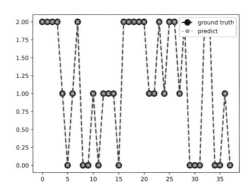

図 4.8　Iris データセットの k-近傍法による分類と正答値の比較

　第 26 行〜第 28 行で分類結果を表示する.

```
26  print(y_test)
27  print(y_predict)
28  print(sum(y_predict == y_test) / len(y_test))
```

第 26 行〜第 27 行で, テストデータに付与された正解データと, k-近傍法による分類結果を出力する.

[2 2 2 2 1 0 1 2 0 0 1 0 1 1 1 0 2 2 2 2 2 1 1 2 1 2 2 1 2 0 0 0 2
2 0 0 1 0]
[2 2 2 2 1 0 1 2 0 0 1 0 1 1 1 0 2 2 2 2 2 1 1 2 1 2 2 1 2 0 0 0 2
2 0 0 1 0]

各数字がテストデータを分類した結果で, アヤメの種類に対応した番号になる. 上段の正解データと下段の分類結果が一致していることが確認できる.
第 28 行で正解データと分類結果が一致しているデータ数を求め, 全テストデータ数で割って正答率を計算する. 今回は正解データと分類結果が完全に一致しているので, 正答率は 1 になる.

4.2 決定木

決定木 (decision tree) は, 識別する条件を階層構造 (**木構造**) で表し, 上位から下位へ順番に識別条件に照らし合わせながらデータを識別する方法である. 識別条件が明確に示されているため, データを識別した流れや根拠が解釈しやすい. 深層学習などの複雑な数理モデルを使用する機械学習識別器では, データを識別した根拠が説明できないことが多い. 決定木は高度な数理モデルの識別器と比較して識別性能は劣る傾向があるが, "説明可能性が高い" という長所があり, 識別の根拠が求められる分野で広く利用されている.

4.2.1 決定木

図 4.9 の決定木を用いて, 入力データ (属性 1 = 8, 属性 2 = 12, 属性 3 = 21) を分類する. 最初に入力データが一番上位の条件「属性 1 < 10」を満たすかどうかを確認する. 入力データの属性 1 は 8 であり 10 未満であることから, この条件を満足する. 条件を満たす場合, 条件からでている「yes」の矢印に沿って次の条件「属性 2 < 15」に進む. 入力データの属性 2 は 12 であるため, この条件を満足する. そこで「yes」の矢印に沿って進み,「クラス A」というラベルに

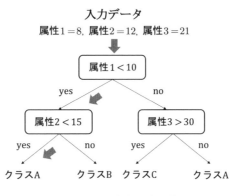

図 4.9　決定木と識別手順

到達する．そこでこの入力データをクラス A に分類する．図に示すように，決定木では上位の条件を満たすかどうかを確認し，満たす場合は「yes」の矢印，満たさない場合は「no」の矢印に沿って進む．最終的にクラス名を記したノードに到達すると，データを分類することができる．

　それでは，訓練データから決定木を構築してみよう．表 4.4 は顧客の年齢・性別および好きな商品のデータである．このデータを訓練データとして，年齢や性別からどちらの商品を好むかを予測する決定木を構築する．

表 4.4　年齢・性別と好きな商品に関する
アンケートデータ

番号	年齢	性別	商品
1	11	女性	A
2	23	女性	A
3	24	女性	A
4	12	男性	B
5	15	男性	A
6	33	女性	B
7	37	男性	B
8	17	女性	A
9	21	女性	A
10	31	男性	B

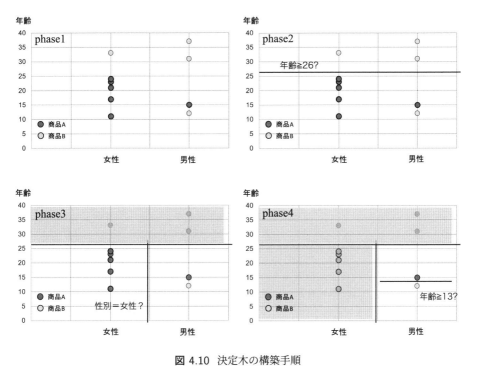

図 4.10　決定木の構築手順

　図 4.10 (phase1) は，横軸に性別，縦軸に年齢をとり，商品 A を好む顧客デー
タを緑丸 (●)，商品 B を好む顧客データを青丸 (◎) として 10 人分の顧客データ
を散布図として可視化したものである．

　この図から，図 4.10 (phase2) では「年齢が 26 歳以上」かどうかで 2 つのグ
ループに分ける．26 歳以上のグループに属する顧客は全員商品 B を好んでいる
ので，26 歳以上なら商品 B を好むと予測することができる．一方，26 歳未満の
グループには商品 A を好むデータもあれば商品 B を好むデータもある．

　そこで，図 4.10 (phase3) では 26 歳未満のグループのみに着目し，「性別が
女性」かどうかでさらに 2 つのグループに分ける．性別が女性のグループに属
する顧客は全員商品 A を好むので，「26 歳未満」かつ「性別が女性」なら商品
A を好むと予測することができる．

　一方「性別が男性」のグループには，商品 A と B を好む顧客がいるので，こ
のグループに着目し，「年齢が 13 歳以上」かどうかでさらに 2 つのグループに

分ける (**図 4.10** (phase4)). 年齢が 13 歳以上のデータは商品 A を好み, 年齢が
13 歳未満のデータは商品 B を好むと予測することができる.

　以上のように条件を追加してデータの分類先を絞る過程を階層構造として記
述すると, **図 4.11** のように木構造の決定木が導かれる.

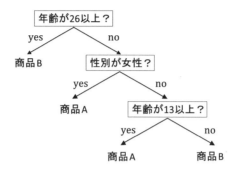

図 4.11　年齢・性別から嗜好商品を予測する決定木

4.2.2　不 純 度

　以上では, グラフなどデータを可視化し, 条件を追加しながら直観的に決定木
を構築したが, 実際のプログラミングでは, グループ分けしたデータに異なるク
ラスのデータが含まれる割合である**不純度** (impurity) を求め, 不純度が小さく
なるようにグループを形成する. 不純度の数値指標としてよく使用されるもの
がエントロピーとジニ不純度である.

　エントロピー (entropy) H は, クラスの数 K, 第 i 番目のクラスのデータが
データセットに占める割合 p_i に対して

$$H = \sum_{i=1}^{K} (-p_i \log_2 p_i) \tag{4.2.1}$$

で与えられる. これは情報量 $\log_2 p$ ビットに確率をかけ合わせた積算で, 情報
量の期待値でもあるので**平均情報量** (average information) ともよばれる. 例
えば, 第 i 番目のデータのみがある場合には, $p_i = 1$ かつ $p_j = 0$ $(j \neq i)$ であ
るので, エントロピーは最小値 0 をとる. 逆に, すべてのクラスのデータが同じ
数だけある場合は $p_i = \dfrac{1}{K}$ で, エントロピーは最大値 $\log_2 K$ をとる.

一方, **ジニ不純度** (Gini impurity) I は

$$I = 1 - \sum_{i=1}^{K} p_i^2 \tag{4.2.2}$$

で与えられる. 第 i 番目のデータのみがある場合はジニ不純度は最小値 0 となり, すべてのクラスのデータが同じ数だけある場合は最大値 $1 - \dfrac{1}{K}$ となる.

* * * * *

ソースコード 4.6 は, k-近傍法で用いた表 4.3 に対して, 決定木の構築および「20 歳, 所持金 8 千円」の顧客が商品 A, B のどちらを選ぶかを予測するプログラムである.

ソースコード 4.6 決定木における分類

```python
1   from sklearn.tree import DecisionTreeClassifier
2   from sklearn.tree import export_graphviz
3   import graphviz
4   import numpy as np
5   import matplotlib.pyplot as plt
6
7   #訓練データ
8   data =np.array( [ [11,1], [23,10], [24,9], [12,2], [15,3],
        [33,30], [37,40], [17,5], [21,12], [31,50] ] )
9   labels = np.array( ['A','A','A','B','A','B','B','A','A','B'])
10
11  #決定木の構築
12  dtree = DecisionTreeClassifier(criterion="entropy", max_depth=2)
13  dtree.fit(data, labels)
14
15  #決定木による分類
16  test_data = np.array([[20,8]])
17  pred_labels = dtree.predict(test_data)
18  print("prediction ", pred_labels)
19
20  #決定木描画
21  dot_data = export_graphviz(dtree)
22  graph = graphviz.Source(dot_data)
23  graph.render("tree",format='png')
```

第 1 行～第 5 行で必要なモジュールを取り込む.

```
1   from sklearn.tree import DecisionTreeClassifier
2   from sklearn.tree import export_graphviz
3   import graphviz
4   import numpy as np
5   import matplotlib.pyplot as plt
```

第 1 行の "DecisionTreeClassifier" で決定木を計算し，第 3 行の "graphviz" で決定木の構造を可視化する．第 2 行の "export_graphviz" は決定木を graphiviz で描くために，データ形式 (DOT) を出力するモジュールである.

第 8 行～第 9 行では，k-近傍法のときと同様に，特徴量を変数 "data"，クラスラベルを変数 "labels" に代入し，第 12 行～第 13 行で決定木を構築する.

```
12  dtree = DecisionTreeClassifier(criterion="entropy", max_depth=2)
13  dtree.fit(data, labels)
```

第 12 行で不純度をエントロピー，決定木の深さを 2 に設定した決定木のモデルを用意する．第 13 行で決定木モデルの "fit" を呼び出して，上述の data, labels に格納されたデータを訓練データとして決定木の学習を行う.

第 16 行～第 18 行で，決定木を用いてテストデータを分類する.

```
16  test_data = np.array([[20,8]])
17  pred_label = dtree.predict(test_data)
18  print("prediction ", pred_label)
```

第 16 行は，テストデータ "test_data" に「20 歳, 所持金 8 千円」を代入し，それを決定木モデル "dtree" の "predict" に渡してテストデータの分類を行う．第 17 行は，その結果を変数 "pred_label" に代入して，第 18 行で表示する.

この結果は "A" で，年齢 20 歳, 所持金 8 千円の顧客は商品 A を選ぶであろうと予測しており，k-近傍法と同じ結果である.

第 21 行～第 23 行で構築した決定木を可視化する.

```
21   dot_data = export_graphviz(dtree)
22   graph = graphviz.Source(dot_data)
23   graph.render("tree",format='png')
```

第21行では, graphviz で決定木モデルをデータ形式として出力して graphviz
モデルを構築し, 第22行でデータをスコア化して, そして第23行で "tree.png"
ファイルとして出力する. 図4.12 は出力した決定木で, 各ノードに条件式, 不
純度の指標と大きさ, データ数, 各クラスのデータ数の内訳を表している. 例え
ば一番上のノードは

1) データを分ける条件は, 所持金 (X[1]) が 21.0 千円以下かどうか,
2) 条件を導出するときに使用した不純度の指標はエントロピー, その大きさ
   は 0.971,
3) データ数は 10 個,
4) データの内訳は, 商品 A のデータが 6 個, 商品 B のデータが 4 個,

を表している.

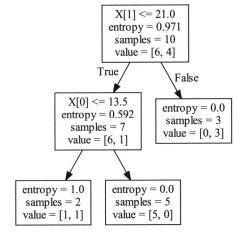

図 4.12　アンケートデータの決定木

　図 4.13 は, 訓練データの散布図 4.3 に決定木の条件を重ねて描いたもので,
所持金が 21 千円より多い領域にあるデータはすべて商品 B, 所持金が 21 千円
以下かつ 2.5 千円以上の領域のデータはすべて商品 A になっている.

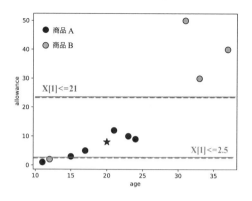

図 4.13 アンケートデータの散布図と決定木の条件

このように, 決定木ではデータを分類する基準・根拠が明確に示されるため, 分類結果に至った経緯を理解することができる. なお, 不純度の指標としてジニ不純度を使用する場合は, 第 12 行を以下のように変更すればよい.

```
12  dtree = DecisionTreeClassifier(criterion="gini", max_depth=2)
```

* * * * *

ソースコード 4.7 は, k-近傍法で用いたアヤメのデータセット (Iris データセット) を, 決定木を用いて学習・識別するプログラムである.

ソースコード 4.7 決定木を用いたアヤメデータの分類

```
1  from sklearn.tree import DecisionTreeClassifier
2  from sklearn.tree import export_graphviz
3  import graphviz
4  import numpy as np
5  import matplotlib.pyplot as plt
6  from sklearn import datasets
7  from sklearn.model_selection import train_test_split
8
9  #データ読み込み
10  iris = datasets.load_iris()
11  x = iris.data
```

```
12  y = iris.target
13
14  #訓練データとテストデータ
15  x_train, x_test, y_train, y_test = train_test_split(x, y,
        test_size=0.3)
16
17  #決定木の構築
18  dtree = DecisionTreeClassifier(criterion="entropy", max_depth=3)
19  dtree.fit(x_train, y_train)
20
21  #決定木による分類
22  y_predict = dtree.predict(x_test)
23  print("ground_truth", y_test)
24  print("prediction ", y_predict)
25  print("accuracy ", sum(y_predict==y_test) / len(y_test))
26
27  #結果の折れ線グラフ
28  id = np.array(range(0, len(x_test)))
29  plt.plot(id, y_test, 'ro', linestyle='dashed',linewidth=2,
        markersize=10, alpha=0.4, label="ground truth")
30  plt.plot(id, y_predict, 'bs',linestyle='dashed',linewidth=1,
        markersize=5, label="predict")
31  plt.legend(loc='upper right')
32  plt.show()
33
34  #決定木描画
35  dot_data = export_graphviz(dtree)
36  graph = graphviz.Source(dot_data)
37  graph.render("tree",format='png')
```

第1行〜第7行は必要なモジュールの取り込み, 第10行〜第12行はアヤメ
データの読み込み, 第15行は訓練データとテストデータの分割である. その手
順はこれまでと同様である.

第18行〜第19行で訓練データを用いて決定木を構築する.

```
18  dtree = DecisionTreeClassifier(criterion="entropy", max_depth=3)
19  dtree.fit(x_train, y_train)
```

第 18 行で, 不純度の指標をエントロピー, 深さを 3 に設定し, アヤメの訓練データを与えて決定木モデル "dtree" を構築する.

第 22 行～第 25 行でテストデータを識別する.

```
22   y_predict = dtree.predict(x_test)
23   print("ground_truth", y_test)
24   print("prediction ", y_predict)
25   print("accuracy ", sum(y_predict==y_test) / len(y_test))
```

第 22 行で決定木モデルの "predict" にテストデータを渡して分類計算し, 分類結果を変数 "y_predict" に代入する. 第 23 行～第 25 行でテストデータの正解データ, 決定木による分類結果, および正答率を表示する.

```
ground_truth [1 1 1 1 2 1 0 2 2 0 1 0 0 0 1 2 2 2 1 1 0 2 0 1 0 1 1
0 1 2 1 0 1 2 0 2 1 2 2 2 1 2 2 2 0]
prediction [2 1 1 1 2 1 0 2 2 0 1 0 0 0 1 2 2 2 2 1 0 2 0 1 0 1 1 0
1 2 1 0 1 2 0 2 1 2 2 1 1 2 2 2 0]
accuracy 0.9333333333333333
```

第 28 行～第 32 行で, 決定木を用いた各テストデータの識別結果と正解データの比較をグラフとして可視化する.

```
28   id = np.array(range(0, len(x_test)))
29   plt.plot(id, y_test, 'ro', linestyle='dashed',linewidth=2,
         markersize=10, alpha=0.4, label="ground truth")
30   plt.plot(id, y_predict, 'bs',linestyle='dashed',linewidth=1,
         markersize=5, label="predict")
31   plt.legend(loc='upper right')
32   plt.show()
```

第 28 行で, 各テストデータに付ける番号のリストを作成する. 第 29 行～第 30 行で, 横軸にテストデータの番号, 縦軸にアヤメの種類をとり, テストデータの正解値を赤丸 (ground truth: ●), 決定木による分類結果を青四角のマー

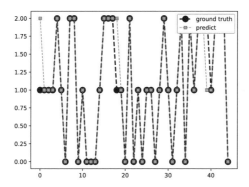

図 4.14 決定木を用いたアヤメデータの識別

カー (predict: ‑‑■‑) で描き，第 31 行でグラフの右上に凡例を追加する．**図 4.14** は，テストデータの正解と決定木による識別結果の比較である．

最後に，第 35 行～第 37 行で構築した決定木を**図 4.15** のように可視化する．この部分は前述と同じである．

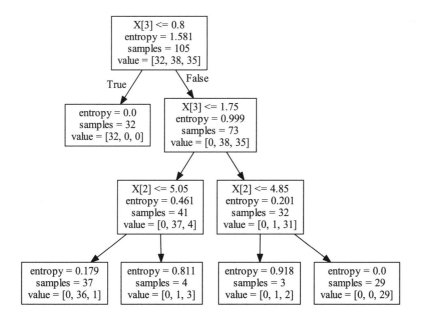

図 4.15 アヤメデータの決定木

4.3 ランダムフォレスト

　決定木は, 学習・識別のアルゴリズムが簡易で識別計算の経緯や根拠の解釈性に優れているという利点がある一方, 線形分離されるデータの識別には不向きであるなどの弱点があり, 識別性能に限界がある. 決定木のように, モデルは簡易であるが分類性能があまり高くなく, ランダムに識別結果を出力するより性能が高い程度の識別器を**弱識別器**とよぶ.

　弱識別器を用いて分類性能が高い識別器を設計する方法として, **アンサンブル学習**がある. アンサンブル学習は多数の弱識別器の計算結果を集計し, それらの多数決によって識別性能の向上を図るものである. **図 4.16** では, 5 個の各弱識別器でテストデータを分類する. 弱識別器 1〜5 の識別結果は「クラス A」「クラス B」「クラス A」「クラス A」「クラス A」であり, 得票数に従ってテストデータをクラス A に分類する.

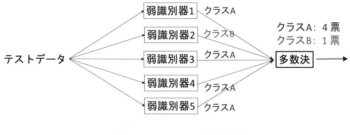

図 4.16　アンサンブル学習

　アンサンブル学習の代表的なものに**バキング** (bagging) と**ブースティング** (boosting) がある. バキングでは, 弱識別器ごとにランダムに選んだデータ群を訓練データとする. 弱識別器の学習を並列に実行することができ, 学習の高速化が可能である.

バキング：

Step 1. データセットから選ばれた一部のデータ群を用いて, 第 1 番目の弱識別器を学習

Step 2. 新たに選ばれた別のデータ群を用いて, 第 2 番目の弱識別器を学習

$$\vdots$$

Step T. 新たに選ばれた別のデータ群を用いて, 第 T 番目の弱識別器を学習

一方, ブースティングでは, 他の弱識別器が誤分類するデータを重点的に学習するので, 各識別器の弱点を補完しながら学習を進めることができる. バキングと比較して識別性能は高くなる傾向があるが, 各弱識別器の学習を並列分散処理することができないため学習時間がかかる.

ブースティング：

Step 1. データセットの一部として選ばれたデータ群を用いて, 第 1 番目の弱識別器を学習

Step 2. 第 1 番目の弱識別器で誤分類したデータに重みをおき, 第 2 番目の弱識別器を学習

Step 3. 第 2 番目の弱識別器で誤分類したデータに重みをおき, 第 3 番目の弱識別器を学習

$$\vdots$$

Step T. 第 $T-1$ 番目の弱識別器で誤分類したデータに重みをおき, 第 T 番目の弱識別器を学習

図 4.17 はランダムフォレストで, 決定木を弱識別器としてデータの分類・識別に広く利用されている. **ランダムフォレスト** (random forest) とは, 最初に, 訓練データセットからデータ群を無作為に選んで決定木を構築し, 次に, あらたにデータ群を無作為に選んで別の決定木を構築する. これを繰り返して複数個の決定木を作成し, これらを統合して識別性能の高い**強識別器**を設計する方法である.

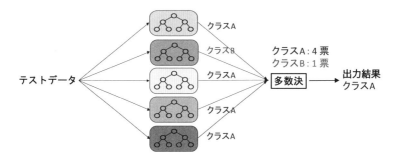

図 4.17 アンサンブル学習 (ランダムフォレスト)

　例として, ワインデータセット[3)]を用いて, 決定木単体を用いた識別性能と, 複数の決定木を用いたランダムフォレストの識別性能を比較する. これは, イタリアの異なる 3 つのワイナリーと製造されたワインの成分に関するデータセットである. ワイン成分の特徴を, アルコール濃度, リンゴ酸, 灰分, 灰分のアルカリ度, マグネシウム, フェノール類, フラボノイド, 非フラボノイドフェノール類, プロアントシアニジン, 色彩強度, 色相, 希釈ワインの OD280/OD315, プロリンの 13 個の数値で表している.

　まず, ワインデータセットを決定木によって分類するには, ソースコード 4.7 の第 10 行〜第 12 行を以下のように変更する.

```
10   wine = datasets.load_wine()
11   x = wine.data
12   y = wine.target
```

　テストデータの正解値, 決定木による識別結果および正答率は以下となる.

```
ground_truth [0 0 1 1 1 0 0 1 0 1 2 1 1 1 1 1 2 2 2 2 0 2 1 0 2 0
2 2 0 0 2 1 0 1 1 0 0 2 0 0 1 0 1 2 1 0 1 1 1 0 2 1 0]
prediction [0 0 1 1 1 0 0 1 0 1 2 1 1 1 1 2 1 2 2 2 2 0 2 1 0 2 0 2
2 0 0 2 1 0 1 0 0 0 1 0 0 1 0 1 2 1 0 1 1 1 0 1 1 0]
decision tree accuracy 0.9259259259259259
```

---

3) load_wine( ) 関数でデータを読み込む.

次に，**ソースコード** 4.8 は，ランダムフォレストを用いて分類するプログラムである．第 1 行でモジュール "RandomForestClassifier" を取り込む．ワインデータセットの読み込みや訓練データとテストデータの分割は決定木の場合（ソースコード 4.7）と同じである．

ソースコード 4.8　ランダムフォレストを用いたワインデータの分類

```
1  from sklearn.ensemble import RandomForestClassifier
2  import numpy as np
3  import matplotlib.pyplot as plt
4  from sklearn import datasets
5  from sklearn.model_selection import train_test_split
6
7  #データ読み込み
8  wine = datasets.load_wine()
9  x = wine.data
10 y = wine.target
11
12 #訓練データとテストデータ
13 x_train, x_test, y_train, y_test = train_test_split(x, y,
       test_size=0.3)
14
15 #ランダムフォレストの構築
16 rforest = RandomForestClassifier(n_estimators=10,criterion="
       entropy", max_depth=3)
17 rforest.fit(x_train, y_train)
18
19 #ランダムフォレストによる分類
20 y_predict = rforest.predict(x_test)
21 print("ground_truth", y_test)
22 print("prediction ", y_predict)
23 print("random forest accuracy ", sum(y_predict==y_test) / len(
       y_test))
```

第 16 行〜第 17 行でランダムフォレストの構築および学習計算を実行する．

```
16 rforest = RandomForestClassifier(n_estimators=10,criterion="
       entropy", max_depth=3)
```

```
17  rforest.fit(x_train, y_train)
```

第 16 行で弱識別器の数を 10, 不純度の指標をエントロピー, 各決定木の深さ
を 3 に指定し, 第 17 行で訓練データからランダムフォレストモデル "rforest"
を構築する.

第 20 行〜第 23 行で, ソースコード 4.7 の決定木モデル "dtree" をランダム
フォレストモデル "rforest" に変更する. 構築したランダムフォレストを用い
てテストデータの分類を行い, テストデータの正解値, ランダムフォレストによ
る識別結果および正答率を表示する.

```
ground_truth [0 0 1 1 1 0 0 1 0 1 2 1 1 1 1 1 2 2 2 2 0 2 1 0 2 0
2 2 0 0 2 1 0 1 1 0 0 2 0 0 1 0 1 2 1 0 1 1 1 0 2 1 0]
prediction [0 0 1 1 1 0 0 1 0 1 2 1 1 1 1 1 2 2 2 2 0 2 1 0 2 0 2
2 0 0 2 1 0 1 1 0 0 2 0 0 1 0 1 2 1 0 1 1 1 0 2 1 0]
random forest accuracy 1.0
```

ここでテストデータや正解値は決定木の場合と同じである. 決定木の正答率
0.926 に対し, ランダムフォレストの正答率は 1.000 であり, ランダムフォレス
トは決定木より識別性能が高いことがわかる.

さらに, **ソースコード** 4.9 は, ランダムフォレストを構成する決定木の数と識
別性能の関係を調べるプログラムである.

ソースコード 4.9　ランダムフォレストの決定木の数と識別性能の関係

```
1  from sklearn.ensemble import RandomForestClassifier
2  import numpy as np
3  import matplotlib.pyplot as plt
4  from sklearn import datasets
5  from sklearn.model_selection import train_test_split
6
7  #データ読み込み
8  wine = datasets.load_wine()
9  x = wine.data
```

```
10  y = wine.target
11
12  #訓練データとテストデータ
13  x_train, x_test, y_train, y_test = train_test_split(x, y,
        test_size=0.3)
14
15  #決定木の数を変えてランダムフォレストの学習・識別
16  score_list=[]
17  for n_tree in range(1, 10):
18      score_list_rforest=[]
19      for n_trial in range(1,100):
20          #ランダムフォレストの構築
21          rforest = RandomForestClassifier(n_estimators=n_tree,
                criterion="entropy", max_depth=3)
22          rforest.fit(x_train, y_train)
23          #ランダムフォレストによる分類
24          y_predict = rforest.predict(x_test)
25          score = sum(y_predict==y_test) / len(y_test)
26          score_list_rforest.append(score)
27
28      ave = sum(score_list_rforest)/len(score_list_rforest)
29      score_list.append(ave)
30
31  #結果の折れ線グラフ
32  n_tree = range(1, 10)
33  plt.plot(n_tree, score_list, 'ro', linestyle='solid',linewidth=1,
        markersize=7)
34  plt.xlabel("the number of trees")
35  plt.ylabel("accuracy")
36  plt.show()
```

　第1行～第13行で，モジュール，データセットを読み込み，訓練データとテストデータの分割を行い，第16行～第29行でランダムフォレスト中の決定木の数を1～9に変えたときの各モデルの識別性能を計算する．

```
16  score_list=[]
17  for n_tree in range(1, 10):
```

```
18    score_list_rforest=[]
19    for n_trial in range(1,100):
20        #ランダムフォレストの構築
21        rforest = RandomForestClassifier(n_estimators=n_tree,
              criterion="entropy", max_depth=3)
22        rforest.fit(x_train, y_train)
23        #ランダムフォレストによる分類
24        y_predict = rforest.predict(x_test)
25        score = sum(y_predict==y_test) / len(y_test)
26        score_list_rforest.append(score)
27
28    ave = sum(score_list_rforest)/len(score_list_rforest)
29    score_list.append(ave)
```

第 16 行で，各決定木の数に対応して構築するランダムフォレストの正答率を格納する "score_list" を作成する．第 17 行で決定木の数を 1, 2, …, 9 と設定する．第 19 行のループで決定木の数を固定し，ランダムフォレストの学習および識別試験を 100 回繰り返して，各試験の正答率を "score_list_rforest" に格納する．第 28 行で格納した正答率から平均正答率 "ave" を計算し，第 29 行で各決定木の数に対する平均正答率を "score_list" に追加する．

第 32 行〜第 36 行では，横軸に決定木の数 (the number of trees)，縦軸にランダムフォレストの平均正答率 (accuracy) をとり，決定木の数を変えたときの正答率の変動を，折れ線グラフ図 4.18 に可視化する．これにより，決定木の数

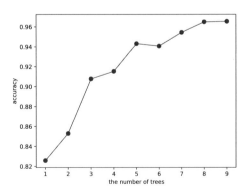

図 4.18 ランダムフォレストの決定木の数と識別性能の関係

が増加するとランダムフォレストの識別性能が高くなる傾向があることが確認できる. 計算結果を参照して, 要求される識別性能を実現するために必要なランダムフォレストの決定木の数を割り出す.

4.4 サポートベクターマシン

4.4.1 識 別 関 数

図 **4.19** では, 直線 (超平面) によってデータを 2 つのクラスのどちらかに分類している. この超平面を**識別面**といい, 識別面を表す関数を**識別関数**とよぶ.

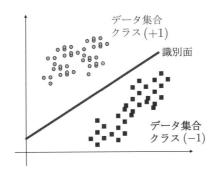

図 4.19 データを分ける識別面

図 **4.20** (左) は, 一方のクラスを "+1", もう一方のクラスを "−1" としたデータセットである.

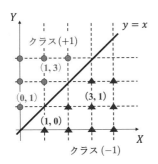
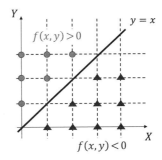

図 4.20 識 別 関 数

データセットを適切に区分けする識別面の候補を

$$y = x$$

とする．これは識別関数

$$f(x, y) = -x + y$$

がゼロとなる点の集合である．識別関数 $f(x, y)$ にデータ (x, y) を代入し，出力が正ならばクラス $(+1)$，負ならばクラス (-1) にデータを分類することができる．実際，識別関数にクラス $(+1)$ に属するデータ $(0, 1), (1, 3)$ を代入すると正の値になる (図 4.20)．

$$f(0, 1) = 0 + 1 = 1 > 0,$$

$$f(1, 3) = -1 + 3 = 2 > 0$$

一方，クラス (-1) に属するデータ $(1, 0), (3, 1)$ を識別関数に代入すると負の値になる (図 4.20)．

$$f(1, 0) = -1 + 0 = -1 < 0,$$

$$f(3, 1) = -3 + 1 = -2 < 0$$

また，図 **4.21** に示す関数

$$f(x, y) = -x + y - \frac{1}{2},$$

$$f(x, y) = -x + y + \frac{1}{2}$$

も識別面としての機能を果たす．

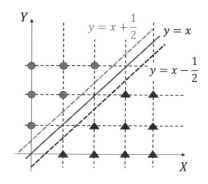

図 4.21 複数の識別関数の候補

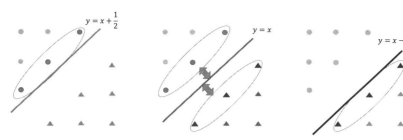

図 4.22 識別面と近接データ

図 4.22 の左図より, 3 つの直線のなかで $f(x,y) = -x + y - \frac{1}{2}$ はその近傍のデータとの距離が近い. クラス $(+1)$ に分類されるべきこれらのデータにノイズや変更を加えると, テストデータは識別面の下側に位置してクラス (-1) に分類してしまう. 同様に**図 4.22** の右図の $f(x,y) = -x + y + \frac{1}{2}$ も, クラス (-1) と分類すべきテストデータをクラス $(+1)$ に分類する可能性が高い. 一方, **図 4.22** の中央の図の $f(x,y) = -x + y$ は識別面に近いデータまでの距離が確保されているので誤分類の可能性は低い.

4.4.2 マージン

識別面との距離が最も近いデータまでの距離を**マージン** (margin) という. マージンが最大となるような識別関数を求めてデータを分類する機器が**サポートベクターマシン** (**SVM** : Support Vector Machine) である.

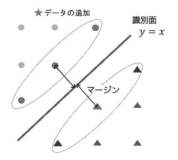

図 4.23 サポートベクターと識別面

　識別面に最も近いデータを**サポートベクター**とよぶ. **図 4.23** では, 丸枠に囲まれた 6 つのデータがサポートベクターである. 識別面から離れた新たなデータ (★) が追加されたとしてもマージンは変わらず, 識別面に変化は生じない. 識別関数はサポートベクターで規定される.

　ソースコード 4.10 は, 図 4.20 のクラス (+1) とクラス (−1) に分類される 15 個の人工データを訓練データとして, テストデータ (1.5, 2.5), (2.5, 1.5) を識別するプログラムである.

ソースコード 4.10　線形 SVM による人工データの学習・識別

```
1   import numpy as np
2   import matplotlib.pyplot as plt
3   from sklearn.svm import LinearSVC
4   from matplotlib.colors import ListedColormap
5
6   #SVM を可視化するための関数
7   def plot_decision_boundary(model, x_min, x_max, y_min, y_max):
8       xx0, xx1 = np.meshgrid(
9           np.linspace(x_min, x_max, int((x_max-x_min)*100)).reshape
                (-1, 1),
10          np.linspace(y_min, y_max, int((y_max-y_min)*100)).reshape
                (-1, 1),
11      )
12      xx_new = np.c_[xx0.ravel(), xx1.ravel()]
13
14      y_predict = model.predict(xx_new)
15      zz = y_predict.reshape(xx0.shape)
16      custom_cmap = ListedColormap(['red','green'])
17      plt.contourf(xx0, xx1, zz, linewidth=5, cmap=custom_cmap,
                alpha=0.1)
18
19  #訓練データの入力
20  x=np.array([[0 ,3], [0, 2], [0, 1], [1, 3], [1, 2], [2, 3], [1,
                0], [2, 1], [2, 0], [3, 2], [3,1], [3,0], [4,2], [4,1], [4,0]
                ])
21  y=np.array([1, 1, 1, 1, 1, 1, -1, -1, -1, -1,-1, -1, -1, -1, -1])
22
```

```
23  #SVM の学習
24  svc=LinearSVC()
25  svc.fit(x, y)
26  print("coefficients : ", svc.coef_)
27  print("intercept : ",svc.intercept_)
28
29  #SVM による識別
30  x_test = np.array([[1.5, 2.5], [2.5, 1.5]])
31  y_prediction = svc.predict(x_test)
32
33  #SVM および訓練データ・テストデータの可視化
34  plot_decision_boundary(svc, -0.5, 4.5, -0.5, 4.5)
35  plt.scatter(x[y==1,0],x[y==1,1],color='green', edgecolor='black',
        s=100, marker='o',alpha=0.2)
36  plt.scatter(x[y==-1,0],x[y==-1,1],color='red',edgecolor='black', s
        =100, marker='^',alpha=0.2)
37  plt.scatter(x_test[y_prediction==1,0],x_test[y_prediction==1,1],
        color='green', edgecolor='black', s=200, marker='*')
38  plt.scatter(x_test[y_prediction==-1,0],x_test[y_prediction==-1,1],
        color='red', edgecolor='black', s=200, marker='*')
39  plt.show()
```

　第 1 行～第 4 行で必要なモジュールを取り込む．"LinearSVC" は識別面を直線や平面で表す線形 SVM, "ListedColormap" は識別面で区分した領域を色分けして可視化する．第 7 行～第 17 行で識別面と区分けした領域に色を塗るが, 詳細な説明は省略する.

　第 20 行～第 21 行で訓練データを入力する．変数 "x" に特徴ベクトルデータを代入し, 変数 "y" にクラスのラベルを代入して訓練データを作成する.

```
20  x=np.array([[0 ,3], [0, 2], [0, 1], [1, 3], [1, 2], [2, 3], [1,
        0], [2, 1], [2, 0], [3, 2], [3,1], [3,0], [4,2], [4,1], [4,0]
        ])
21  y=np.array([1, 1, 1, 1, 1, 1, -1, -1, -1, -1,-1, -1, -1, -1, -1])
```

第 24 行～第 27 行で, 訓練データを用いて SVM の学習を行う.

```
24   svc=LinearSVC()
25   svc.fit(x, y)
26   print("coefficients : ", svc.coef_)
27   print("intercept : ",svc.intercept_)
```

第 24 行で線形 SVM モデル "svc" を作成し, 第 25 行で "fit" メソッドに訓練データ "x", "y" を与えて学習を実行する. 識別関数は, 特徴ベクトル x, 係数ベクトル w, 切片 b に対して

$$f(x) = w^T x + b$$

で表す. 第 26 行で係数ベクトル w, 第 27 行で切片 b を表示する.

```
coefficients :   [[-0.85713722 0.85713525]]
intercept :   [-5.2809748e-06]
```

得られる識別関数は

$$f(x) = \begin{pmatrix} -0.857, & 0.857 \end{pmatrix} \begin{pmatrix} x_1 \\ x_2 \end{pmatrix} - 5.2809748 \times 10^{-6}$$

である. 識別面は, $f(x) = 0$ より

$$-x_1 + x_2 = 0$$

となる.

第 30 行～第 31 行でテストデータを分類する.

```
30   x_test = np.array([[1.5, 2.5], [2.5, 1.5]])
31   y_prediction = svc.predict(x_test)
```

第 30 行で $(1.5, 2.5)$ および $(2.5, 1.5)$ をテストデータ "x_test" に設定し, 第 31 行で "predict" を実行してテストデータを識別する. 識別結果を変数 "y_prediction" に格納する.

第 34 行〜第 39 行で訓練データ, テストデータ, SVM を可視化する.

```
34  plot_decision_boundary(svc, -0.5, 4.5, -0.5, 4.5)
35  plt.scatter(x[y==1,0],x[y==1,1],color='green', edgecolor='black',
        s=100, marker='o',alpha=0.2)
36  plt.scatter(x[y==-1,0],x[y==-1,1],color='red',edgecolor='black', s
        =100, marker='^',alpha=0.2)
37  plt.scatter(x_test[y_prediction==1,0],x_test[y_prediction==1,1],
        color='green', edgecolor='black', s=200, marker='*')
38  plt.scatter(x_test[y_prediction==-1,0],x_test[y_prediction==-1,1],
        color='red', edgecolor='black', s=200, marker='*')
39  plt.show()
```

第 34 行で可視化のための関数を実行し, 識別面を描いてクラス (+1) に分類する領域とクラス (−1) に分類する領域を色分けする. 第 35 行〜第 36 行で訓練データの散布図, 第 37 行〜第 38 行でテストデータの散布図を描く.

図 4.24 は, クラス (+1) を緑 (●), クラス (−1) を赤 (▲) として散布図に反映したもので, 識別面より上側の領域をクラス (+1), 下側の領域をクラス (−1) とし, テストデータ (1.5, 2.5) (☆) をクラス (+1), テストデータ (2.5, 1.5) (★) をクラス (−1) に正しく分類している.

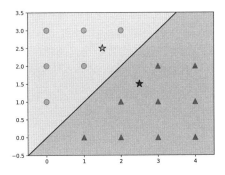

図 4.24　人工データを用いた SVM の学習・識別の可視化

4.4.3 カーネルトリック

図 4.25 の三日月状に分布する 2 つのクラスのデータセットを, 線形 SVM で分離することには限界がある.

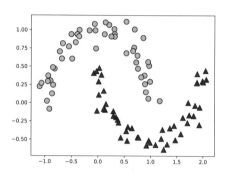

図 4.25 三日月状の人工データ

図 4.26 では, **ソースコード** 4.11 で三日月状データセットを線形 SVM で学習した結果, 一部データを誤識別している.

このソースコードでは, "`make_moons`" が三日月状に分布するデータセットを生成するためのモジュールで, 第 21 行で三日月状のデータを生成する. 変数 "y" には, 各データを生成するクラスターの番号 (0 もしくは 1) を格納する. その他は, 上述のソースコード 4.10 とほぼ同じである.

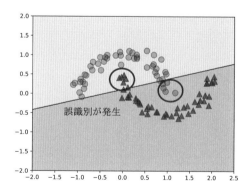

図 4.26 線形 SVM による三日月状データの分類

ソースコード 4.11 線形 SVM による人工データの学習・識別

```python
import numpy as np
import matplotlib.pyplot as plt
from sklearn.svm import LinearSVC
from matplotlib.colors import ListedColormap
from sklearn.datasets import make_moons

#SVM を可視化するための関数
def plot_decision_boundary(model, x_min, x_max, y_min, y_max):
    xx0, xx1 = np.meshgrid(
        np.linspace(x_min, x_max, int((x_max-x_min)*100)).reshape
            (-1, 1),
        np.linspace(y_min, y_max, int((y_max-y_min)*100)).reshape
            (-1, 1),
    )
    xx_new = np.c_[xx0.ravel(), xx1.ravel()]

    y_predict = model.predict(xx_new)
    zz = y_predict.reshape(xx0.shape)
    custom_cmap = ListedColormap(['red','green'])
    plt.contourf(xx0, xx1, zz, linewidth=5, cmap=custom_cmap,
        alpha=0.1)

#訓練データの入力
x, y = make_moons(n_samples=100, noise=0.1, random_state=0)

#SVM の学習
svc=LinearSVC()
svc.fit(x, y)

#訓練データ・SVM の可視化
plot_decision_boundary(svc, -2.0, 2.5, -2.0, 2.5)
plt.scatter(x[y==0,0],x[y==0,1],color='red', edgecolor='black', s
    =100, marker='o',alpha=0.2)
plt.scatter(x[y==1,0],x[y==1,1],color='green',edgecolor='black', s
    =100, marker='^',alpha=0.2)
plt.show()
```

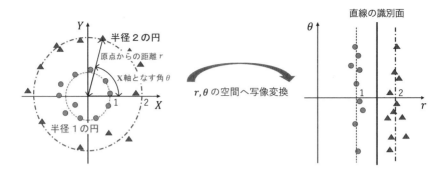

図 4.27　円周状に分布するデータの座標変換

　では，2 つのクラスの境界が複雑な曲線で表されるようなデータセットを，SVM を用いて分離することを考える．例えば，**図 4.27** 左は，半径が 1 の円周上に分布するデータ (クラス (+1)) と，半径が 2 の円周上に分布するデータ (クラス (−1)) である．XY 平面上にどのような直線を引いても 2 つのクラスターにデータを分けることはできないが，**図 4.27** 右のように，各データを原点からの距離 r と X 軸とのなす角度 θ (極座標) で表すと，距離 1 の直線上と距離 2 の直線上に 2 つのクラスのデータが分布し，直線の識別面で正しくデータを分類することができる．

　このように，もとのデータを新しい別の空間 (高次元空間) に写像し，その空間において線形 SVM を用いてデータを分類することを考える．新しい空間に写像する関数を陽に記述する必要はなく，写像先の空間での各データの特徴ベクトルの内積だけがわかれば SVM の学習や識別ができる．一般に，新しい空間における特徴ベクトルの内積を**カーネル** (kernel) **関数**とよび，新しい空間の特徴量の代わりに計算コストの低いカーネル関数の計算だけで SVM の学習・識別を行うことを**カーネルトリック**とよぶ[4]．

　よく使われるカーネル関数は，特徴ベクトル $\boldsymbol{x}_i$, $\boldsymbol{x}_j$ に対して，**RBF**(Radial Basis Function) **カーネル**

$$k(\boldsymbol{x}_i, \boldsymbol{x}_j) = \exp\{-\gamma(\boldsymbol{x}_i - \boldsymbol{x}_j)^T(\boldsymbol{x}_i - \boldsymbol{x}_j)\} \quad (\gamma \text{は正の定数}), \quad (4.4.1)$$

---

[4] 「データサイエンス応用基礎」の 10.2, 10.3 節を参照.

多項式 (Polynomial) カーネル

$$k(\boldsymbol{x}_i, \boldsymbol{x}_j) = (\boldsymbol{x}_i{}^T \boldsymbol{x}_j + c)^d \quad (c, d \text{ は正の定数}), \qquad (4.4.2)$$

シグモイド (Sigmoid) カーネル

$$k(\boldsymbol{x}_i, \boldsymbol{x}_j) = \tanh\!\big(b\boldsymbol{x}_i{}^T \boldsymbol{x}_j + c\big) \quad (b, c \text{ は正の定数}) \qquad (4.4.3)$$

である.

　ソースコード 4.12 は, 先述の三日月状のデータに対して, カーネルトリック
で非線形 SVM を構築するプログラムである.

ソースコード 4.12　非線形 SVM による人工データの学習・識別

```
1  import numpy as np
2  import matplotlib.pyplot as plt
3  from sklearn.svm import SVC
4  from matplotlib.colors import ListedColormap
5  from sklearn.datasets import make_moons
6
7  #SVM を可視化するための関数
8  def plot_decision_boundary(model, x_min, x_max, y_min, y_max):
9      xx0, xx1 = np.meshgrid(
10         np.linspace(x_min, x_max, int((x_max-x_min)*100)).reshape
             (-1, 1),
11         np.linspace(y_min, y_max, int((y_max-y_min)*100)).reshape
             (-1, 1),
12     )
13     xx_new = np.c_[xx0.ravel(), xx1.ravel()]
14
15     y_predict = model.predict(xx_new)
16     zz = y_predict.reshape(xx0.shape)
17     custom_cmap = ListedColormap(['red','green'])
18     plt.contourf(xx0, xx1, zz, linewidth=5, cmap=custom_cmap,
             alpha=0.1)
19
20  #訓練データの入力
21  x, y = make_moons(n_samples=100, noise=0.1, random_state=0)
22
23  #SVM の学習
```

```
24  svc=SVC(kernel = "rbf")
25  svc.fit(x, y)
26
27  #訓練データ・SVM の可視化
28  plot_decision_boundary(svc, -2.0, 2.5, -2.0, 2.5)
29  plt.scatter(x[y==0,0],x[y==0,1],color='red', edgecolor='black', s
        =100, marker='o',alpha=0.2)
30  plt.scatter(x[y==1,0],x[y==1,1],color='green',edgecolor='black', s
        =100, marker='^',alpha=0.2)
31  plt.show()
```

これまでと異なる部分は, 第 3 行で非線形 SVM の計算に使用する "SVC" モジュールを取り込むこと

```
3  from sklearn.svm import SVC
```

および, 第 24 行で非線形 SVM モデルを作成することである.

```
24  svc=SVC(kernel = "rbf")
```

ここではカーネル関数を RBF に設定している.

構築した非線形 SVM を可視化すると**図 4.28** のようになり, RBF カーネルが三日月状に分布する 2 つのクラスのデータを分類できていることがわかる.

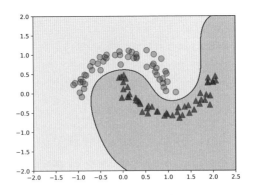

図 4.28   RBF カーネルを用いた SVM

なお, 多項式カーネルを採用する場合は, 第 24 行を

```
24  svc=SVC(kernel = "poly")
```

に, シグモイドカーネルを採用する場合は

```
24  svc=SVC(kernel = "sigmoid")
```

に修正する. それぞれの分類結果を可視化すると図 **4.29**, 図 **4.30** になる.

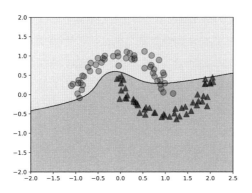

図 4.29 多項式カーネルを用いた SVM

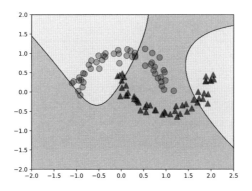

図 4.30 シグモイドカーネルを用いた SVM

　さらに, 3 クラス以上のデータを識別する場合には, 2 クラス識別器である SVM を複数組み合わせる "**one versus the rest classifier**" (**1 対他識別器**) を使用する方法と, "**one versus one classifier**" (**1 対 1 識別器**) を使用する方法がある.

　one versus the rest classifier では, あるクラスとそれ以外のクラスのデータを分類する. クラスの数が K の場合, 識別関数 $f_i(\boldsymbol{x})$, $i = 1, 2, \cdots, K$ によって, 第 i クラスに分類するデータを正例 (正値 $+1$), それ以外のクラスに分類するデータを負例 (負値 -1) とする. テストデータに対して k 番目の識別関数の出力が正, その他の識別関数の出力が負のときは, このテストデータをクラス k に分類する. 複数の識別関数の出力が正となる場合には, 分類先を 1 つのクラスに定められないとするか, 識別関数の出力が最大であるクラスに分類する.

　one versus one classifier は, すべてのクラスのデータを同時に分類する. クラスの数が K の場合, 第 i 番目のクラスに分類されるデータに対して正例 (正値 $+1$), 第 j 番目のクラスに分類されるデータに対して負例 (負値 -1) を出力する識別関数 $f_{ij}(\boldsymbol{x})$, $i, j = 1, 2, \cdots, K$ を構築するので, 結果的に ${}_K\mathrm{C}_2$ 個の識別関数を作成することになる. そのうえでテストデータを各識別関数で分類し, 全分類結果の多数決によってテストデータを分類する.

　ソースコード 4.13 は, one versus the rest classifier による線形 SVM 識別器で, アヤメデータを分類するプログラムである.

ソースコード 4.13　線形 SVM によるアヤメデータの分類

```
1   import numpy as np
2   import matplotlib.pyplot as plt
3   from sklearn.svm import LinearSVC
4   from sklearn.multiclass import OneVsRestClassifier
5   from sklearn import datasets
6   from sklearn.model_selection import train_test_split
7
8   #Iris データセットの読み込み
9   iris=datasets.load_iris()
10  x=iris.data
11  y=iris.target
```

```
12
13   #訓練データとテストデータの分割
14   x_train, x_test, y_train, y_test = train_test_split(x,y,test_size
         =0.3)
15
16   #SVM の学習と識別
17   svc=LinearSVC()
18   classifier = OneVsRestClassifier(svc)
19   classifier.fit(x_train, y_train)
20   y_predict = classifier.predict(x_test)
21
22   #識別性能の評価
23   accuracy = classifier.score(x_test,y_test)
24   print("accuracy ", accuracy)
```

まず，多クラス分類を行うため，第4行で "OneVsRestClassifier" モジュールを取り込む．

```
4   from sklearn.multiclass import OneVsRestClassifier
```

これまでと同じ手続により，第9行〜第11行で Iris データセットを読み込み，第14行で訓練データとテストデータに分割する．

第17行〜第20行で多クラス分類の SVM の構築と識別を実行する．

```
17   svc=LinearSVC()
18   classifier = OneVsRestClassifier(svc)
19   classifier.fit(x_train, y_train)
20   y_predict = classifier.predict(x_test)
```

第17行で線形SVMモデルを作成し，第18行で one versus the rest classifier モデルを構築する．第19行で one versus the rest classifier モデルの学習を行い，第20行でテストデータを分類する．

第 23 行〜第 24 行では, 構築した多クラス識別器の性能を評価する.

```
23  accuracy = classifier.score(x_test,y_test)
24  print("accuracy ", accuracy)
```

第 23 行で one versus the rest classifier モデルの "score" メソッドを実行し, 正答率を計算する. 今回の計算では 0.933 となった.

ここで, RBF カーネルを採用する場合には, 第 3 行と第 17 行を

```
3  from sklearn.svm import SVC
```

および

```
17  svc = SVC(kernel="rbf")
```

に修正する. この場合の正答率は 0.956 になった.

"one versus one classifier" による識別器を構築する場合は, 第 4 行を

```
4  from sklearn.multiclass import OneVsOneClassifier
```

として, 第 18 行を

```
18  classifier = OneVsOneClassifier(svc)
```

に変更する. このときの正答率は 0.978 であった.

練習問題 **4**

問 4.1

　手書き文字画像データセット (mnist データセット[5]) を用いて, 画像の文字認識器を構築したい. mnist データセットには, 数字の手書き文字の画像とその数字の正解ラベルの組合せである学習データとテストデータが格納されている. 文字画像のサイズは 24×24 ピクセルである. 各ピクセルの数値を 1 行に並べた 784 次元 ($= 24 \times 24$) のベクトルを入力とし, 出力を $0 \sim 9$ の数字であるサポートベクターマシンを構築するプログラムを作成せよ.

問 4.2

　問 4.1 で作成したサポートベクターマシンを用いて, テストデータを識別したときの識別率を求めるプログラムを作成せよ.

問 4.3

　図 **4.31** に示すような 10 種類のファッションカテゴリ (0：T シャツ/トップス, 1：ズボン, 2：プルオーバー, 3：ドレス, 4：コート, 5：サンダル, 6：シャツ, 7：スニーカ, 8：バッグ, 9：アンクルブーツ) の白黒画像のデータセット (fashion_mnist)[6]がある. 画像からファッションカテゴリを認識するプログラムを問 4.1 のソースコードを改変して作成せよ.

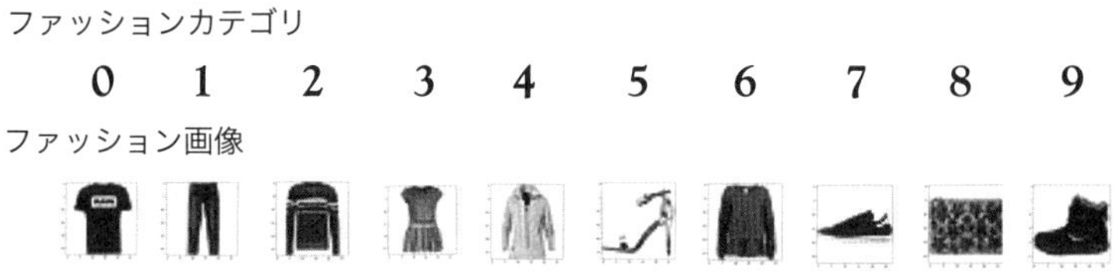

ファッションカテゴリ

図 4.31　ファッションカテゴリのデータセット

---

5)　mnist.load_data( ) でデータを読み込む.
6)　fashion_mnist.load_data( ) でデータを読み込む.

付録：Pythonのインストール

Pythonの公式サイトからインストーラーをダウンロードする.

① 公式サイト
$$\text{https://www.python.org/}$$
にアクセスする.
② 図1の『Downloads』タブにマウスオーバーする.
③ 最新版のPythonのインストーラーをダウンロードする. 図1の場合,
『Python 3.11.5』をクリックする.

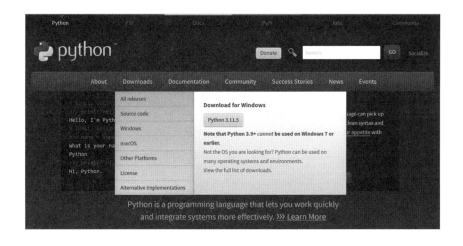

図1 Pythonの公式サイトのダウンロードページ

① ダウンロードディレクトリに『python-3.11.5-amd64.exe』ファイルがダウンロードされているので，これをダブルクリックする．

② **図 2** のポップアップ画面が表示される．一番下の『Add python.exe to PATH』にチェックを入れる．

③ 『Install Now』をクリックする．

図 2　インストーラーの画面

図 3 のポップアップ画面が表示された場合は，『はい』をクリックする．

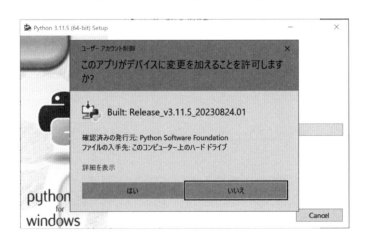

図 3　アカウント制御の選択画面

図 4 のようにインストールが開始される.

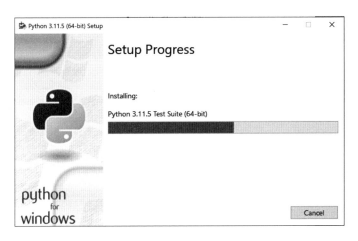

図 4 インストール進行画面

インストールが完了すると，図 5 の画面が表示される.『Close』をクリックする.

図 5 インストール完了画面

インストールした Python を実行する.

① **図6**のように, Windows デスクトップ画面左下の『ここに入力して検索』に『cmd』と入力する.

② 表示された『コマンド プロンプト』をクリックして起動する.

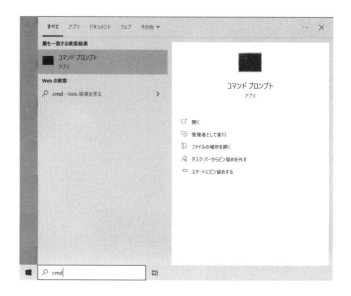

図6　コマンド プロンプト検索画面

　起動した『コマンド プロンプト』に『python』と入力し, 実行する. Python が問題なくインストールされている場合, **図7**の画面を確認することができる.

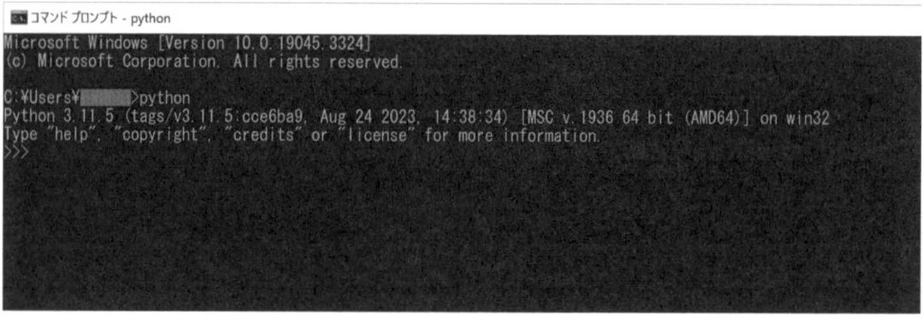

図7　Python 実行画面

　試しに，Python で最も簡単なプログラムを作成する．print() 関数を使って，「Hello World!」を出力させる．

　① 『コマンド プロンプト』を起動する．

　② 『python』と入力し，実行する．

　③ print("Hello World!") と入力し，実行する．

　図 8 のように，ダブルクォート内の文字列

Hello World!

が出力されたことが確認できる．

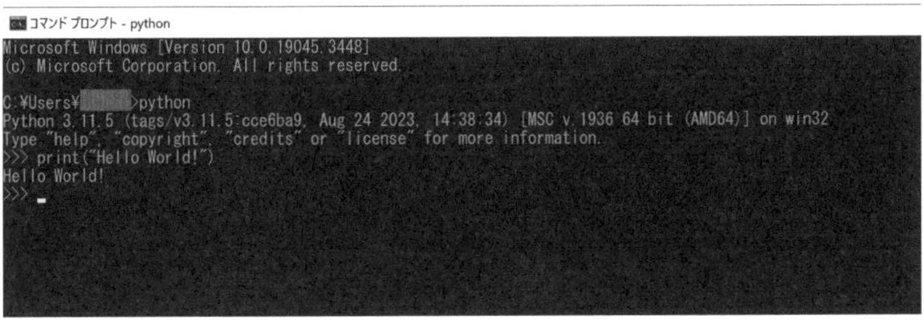

図 8 『Hello World!』の出力

練習問題の解答

練習問題 1

　問 1.1　チョコレート菓子とスナック菓子の消費量の相関係数は 0.831 となる．相関係数は Excel の "CORREL" 関数を用いる．

　問 1.2　チョコレート菓子とスナック菓子の消費量の散布図および回帰直線の可視化は**図 A.1** となる．スナック菓子の消費量を説明変数 x, チョコレート菓子の消費量を目的変数 y とすると，回帰直線の式は

$$y = 0.684x + 712$$

として求められる．

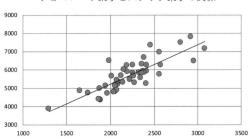

チョコレート菓子とスナック菓子の関係

図 A.1　チョコレート菓子とスナック菓子の消費量の散布図と回帰直線

練習問題 2

問 2.1 合いびき肉と魚介類の消費量の相関係数および k-平均法による分類を実行するプログラムを**ソースコード 1** に示す.

ソースコード 1 都道府県庁所在地別・家計消費データの統計解析

```
1  import numpy as np
2  import pandas as pd
3  import matplotlib.pyplot as plt
4  from sklearn.cluster import KMeans
5
6  data_table = pd.read_csv('SSDSE-C-2023.csv',engine='python')
7  data = data_table.iloc[2:,4:] #2行目以降，4列目以降のデータを切り出す
8  df = pd.DataFrame(data, dtype=np.float)
9
10 #問2.1の解答部分．合いびき肉と魚介類の相関係数を計算
11 correlation = df['LB031004'].corr(df['LB024004'])
12 print(correlation)
13
14 #問2.2の解答部分．クラスタリング
15 x1=df.loc[:,'LB031004']
16 x2=df.loc[:,'LB024004']
17 #合いびき肉と魚介類のデータから47行，2列の配列を作成する．
18 x = np.column_stack([x1,x2])
19 y = KMeans(n_clusters=3).fit_predict(x) #クラスター数を
      3として，k-平均法を実行
20 plt.scatter(x[:,0], x[:,1], c=y) #分類結果に応じて色分けした散布図を
      描画
21 plt.show()
```

合いびき肉と魚介類の消費量の相関係数は -0.661 となる.

問 2.2 k-平均法を用いた分類を可視化した結果は**図 A.2** になる.（ソースコード 1 の第 15 行～第 21 行参照）

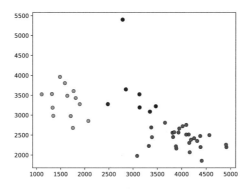

図 A.2　合いびき肉と魚介類の消費量の分類結果

練習問題 3

問 3.1　糖尿病データセットを用いて回帰分析を実行するプログラムを**ソース
コード** 2 に示す.

ソースコード 2　糖尿病データを用いた回帰分析

```
1   import numpy as np
2   import pandas as pd
3   import matplotlib.pyplot as plt
4   from sklearn.linear_model import LinearRegression
5   from sklearn.datasets import load_diabetes
6
7   dataset = load_diabetes()
8   x, y = dataset.data, dataset.target
9   labels = dataset.feature_names
10
11  lr = LinearRegression()
12  x2 = x[:,2].reshape(-1, 1) #bmi のデータを抽出
13  lr.fit(x2,y)
14
15  #問 3.1の解答部分
16  print('slope = ',lr.coef_[0])
17  print('intercept = ',lr.intercept_)
```

```
18
19  #問 3.2 の解答部分
20  plt.scatter(x2, y, s=50, color="green", edgecolor="black", alpha
        =0.4)
21  plt.plot(x2, lr.predict(x2), color="red")
22  plt.show()
23
24  #問 3.3 の解答部分
25  lr.fit(x,y)
26  print('slope = ',lr.coef_)
27  print('intercept = ',lr.intercept_)
28
29  #問 3.4 の解答部分
30  plt.bar(x=labels, height=lr.coef_)
31  plt.show()
```

問 3.2 BMI と 1 年後の進行状況の散布図とその回帰直線のグラフは**図 A.3**となる. (ソースコード 2 の第 20 行～第 22 行参照)

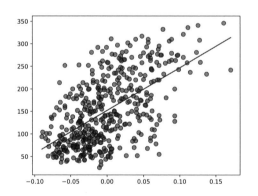

図 A.3　BMI と 1 年後の進行状況の散布図および回帰直線

問 3.3 ソースコード 2 の第 25 行～第 27 行を参照.

問 3.4 基礎項目が 1 年後の進行状況におよぼす影響度のグラフは**図 A.4** となる. (ソースコード 2 の第 30 行～第 31 行参照)

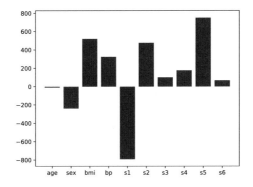

図 A.4 1年後の進行状況に対する各基礎項目の影響度

練習問題 4

問 4.1, **問 4.2**　手書き文字画像データセットを用いたサポートベクターマシンによる識別プログラムを**ソースコード** 3 に示す.

ソースコード 3　手書き文字認識プログラム

```
1  import keras
2  from keras.datasets import mnist
3  import numpy as np
4  import matplotlib.pyplot as plt
5  from sklearn.svm import LinearSVC
6  from sklearn.multiclass import OneVsRestClassifier
7
8  #問 4.1の解答部分
9  #データの読み込み，特徴量のベクトル化
10 (x_train, y_train),(x_test, y_test) = mnist.load_data()
11 x_train = x_train.reshape(-1,784)
12 x_test = x_test.reshape(-1,784)
13
14 #識別器の学習
15 svc=LinearSVC()
16 classifier = OneVsRestClassifier(svc)
17 classifier.fit(x_train, y_train)
```

```
18  y_predict = classifier.predict(x_test)
19
20  #参考 テストデータの画像 5枚と認識結果の一例を可視化
21  for i in range(0,5):
22      print("label : ", y_predict[i])
23      plt.imshow(x_test[i].reshape(28,28), cmap='Greys')
24      plt.show()
25
26  #問 4.2の解答部分
27  accuracy = classifier.score(x_test, y_test)
28  print("accuracy = ", accuracy)
```

計算結果の識別率は 88％であった．図 **A.5** はテストデータの画像とその認識結果の一例である．

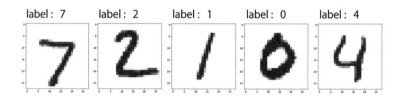

図 A.5　サポートベクターマシンによる手書き文字認識プログラムの結果

問 **4.3**　ファッションカテゴリを認識するプログラムを**ソースコード** 4 に示す．

ソースコード 4　ファッションカテゴリ認識プログラム

```
1  import keras
2  from keras.datasets import fashion_mnist
3  import numpy as np
4  import matplotlib.pyplot as plt
5  from sklearn.svm import LinearSVC
6  from sklearn.multiclass import OneVsRestClassifier
7
8  #データの読み込み，特徴量のベクトル化
9  (x_train, y_train),(x_test, y_test) = fashion_mnist.load_data()
```

```
10  x_train = x_train.reshape(-1,784)
11  x_test = x_test.reshape(-1,784)
12
13  #識別器の学習
14  svc=LinearSVC()
15  classifier = OneVsRestClassifier(svc)
16  classifier.fit(x_train, y_train)
17  y_predict = classifier.predict(x_test)
18
19  #参考 テストデータの画像 5枚と認識結果の一例を可視化
20  for i in range(0,5):
21      print("label : ", y_predict[i])
22      plt.imshow(x_test[i].reshape(28,28), cmap='Greys')
23      plt.show()
24
25  accuracy = classifier.score(x_test, y_test)
26  print("accuracy = ", accuracy)
```

ファッションカテゴリの識別率は 79％であった. **図 A.6** はテストデータの画像とその認識結果の一例である.

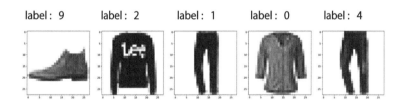

図 A.6　サポートベクターマシンによるファッションカテゴリ認識プログラムの結果

あ と が き

　本書は, データサイエンスに関するコンピュータプログラミングの演習書である. 姉妹編である
　　[1] 数理人材育成協会編, データサイエンスリテラシー, 培風館, 2021
　　[2] 数理人材育成協会編, データサイエンス応用基礎, 培風館, 2022
および, 社会人向けリテラシープログラム補助教材である
　　[3] 数理人材育成協会編, データサイエンティスト教程, 応用, 学術図書出版
　　　社, 2021
から多くの題材をとっている. 関連した項目は以下のとおりであり, 適宜参照してプログラミングを実践されたい.

第 1 章 a)「データの可視化」... [1] II.1 データを読む, [1] II.2 データを
　　　　説明する.
　　　　b)「相関と回帰」... [1] IV.11 多変量解析 (1).
第 2 章 a)「統計解析」... [3] 7.3 Python の基本操作と GPU.
　　　　b)「クラスタリング」... [1] IV.7 特徴抽出, [2] III.9 クラスター分
　　　　析, [3] 7.2 R を用いたクラスタリング.
第 3 章 「回帰分析」... [2] II.5 回帰分析.
第 4 章 a)「k-近傍法」... [2] 11. データの識別.
　　　　b)「決定木・ランダムフォレスト」... [3] 2.1 ランダムフォレスト.
　　　　c)「サポートベクターマシン」... [1] IV.12 多変量解析 (2).
付　録 [3] 7.3 Python の基本操作と GPU.

索　引

執筆者

鈴 木 貴
すず き　　たかし

現　　在　大阪大学数理・データ科学
教育研究センター特任教授
数理人材育成協会代表理事
理学博士

高 野 渉
たか の　　わたる

現　　在　大阪大学数理・データ科学
教育研究センター特任教授
博士(情報理工学)

野 島 陽 水
の じま よう すい

現　　在　大阪大学数理・データ科学
教育研究センター准教授
博士(農学)

ⓒ　数理人材育成協会　2024

2024 年 3 月 22 日　　初 版 発 行

データサイエンス実践

編　者　数理人材育成協会
発行者　山 本　格

発 行 所 　株式会社 培 風 館

東京都千代田区九段南 4-3-12・郵便番号 102-8260
電 話(03)3262-5256(代表)・振 替 00140-7-44725

平文社印刷・牧 製本

PRINTED IN JAPAN

ISBN 978-4-563-01619-7　C3004